LA
FAUNE MOMIFIÉE

DE

L'ANCIENNE ÉGYPTE

ET

RECHERCHES ANTHROPOLOGIQUES

PAR

Le D" LORTET
Doyen honoraire de la Faculté de Médecine
de Lyon,
Correspondant de l'Institut.

M. C. GAILLARD
Docteur ès Sciences,
Conservateur
du Muséum d'histoire naturelle de Lyon.

TOME SECOND

(Extrait des Archives du Muséum d'histoire naturelle de Lyon.)

LYON

HENRI GEORG, ÉDITEUR

LIBRAIRE DE LA FACULTÉ DE MÉDECINE ET DE LA FACULTÉ DE DROIT

36-38, PASSAGE DE L'HÔTEL-DIEU, 36-38

MAISONS A GENÈVE ET A BALE

1909

LA FAUNE MOMIFIÉE DE L'ANCIENNE ÉGYPTE

ET RECHERCHES ANTHROPOLOGIQUES

CINQUIÈME SÉRIE

LA FAUNE MOMIFIÉE

DE L'ANCIENNE ÉGYPTE

ET

RECHERCHES ANTHROPOLOGIQUES

CINQUIÈME SÉRIE

Lyon. — Imprimerie A. Rey et Cⁱᵉ, 4, rue Gentil. — 46289

LA FAUNE MOMIFIÉE

DE L'ANCIENNE ÉGYPTE

ET

RECHERCHES ANTHROPOLOGIQUES

TOME SECOND

Lyon. — Imprimerie A. Rey et Cⁱᵉ, 4, rue Gentil. — 46289

LA
FAUNE MOMIFIÉE

DE

L'ANCIENNE ÉGYPTE

ET

RECHERCHES ANTHROPOLOGIQUES

PAR

Le Dr LORTET
Doyen honoraire de la Faculté de Médecine
de Lyon,
Correspondant de l'Institut.

M. C. GAILLARD
Docteur ès Sciences,
Conservateur
du Muséum d'histoire naturelle de Lyon.

TOME SECOND

(Extrait des *Archives du Muséum d'histoire naturelle de Lyon*.)

LYON

HENRI GEORG, ÉDITEUR
LIBRAIRE DE LA FACULTÉ DE MÉDECINE ET DE LA FACULTÉ DE DROIT
36-38, PASSAGE DE L'HÔTEL-DIEU, 36-38
MAISONS A GENÈVE ET A BALE

1909

LA
FAUNE MOMIFIÉE

DE

L'ANCIENNE ÉGYPTE

ET

RECHERCHES ANTHROPOLOGIQUES

PAR

LE DR LORTET
Doyen honoraire de la Faculté de Médecine
de Lyon,
Correspondant de l'Institut.

M. C. GAILLARD
Docteur ès Sciences,
Conservateur
du Muséum d'histoire naturelle de Lyon.

CINQUIÈME SÉRIE

(Extrait des *Archives du Muséum d'histoire naturelle de Lyon*, tome X.)

LYON

HENRI GEORG, ÉDITEUR

LIBRAIRE DE LA FACULTÉ DE MÉDECINE ET DE LA FACULTÉ DE DROIT

36-38, PASSAGE DE L'HÔTEL-DIEU, 36-38

MAISONS A GENÈVE ET A BALE

—

1909

RECHERCHES ANTHROPOLOGIQUES [1]

GÉBÉLEIN

Nous avons déjà eu l'occasion de parler de la station de Gébélein, située à 760 kilomètres du Caire, sur la rive gauche du Nil. La Commission scientifique française d'Egypte, dans le magnifique *Atlas géographique* qu'elle a publié, place l'ancienne Crocodilopolis à Gébélein, tandis que M. Maspero pense que cette dernière ville a succédé à Aphroditopolis. Quoi qu'il en soit, cette antique bourgade a déjà été explorée par plusieurs savants archéologues, mais si l'on en juge d'après les intéressantes trouvailles qu'y font journellement les émissaires des marchands d'antiquités de Louqsor, elle n'a certainement jamais été fouillée bien à fond et méthodiquement. D'après les objets qu'on y trouve, il est possible, probable même, que plusieurs nécropoles, d'âges différents, se cachent les unes à côté des autres, ou peut-être même les unes sur les autres.

On sait, en effet, que sous la ville pharaonique relativement moderne, au pied du rocher central, on rencontre une couche de sébakh, épaisse de 2 mètres à peu près, contenant beaucoup de pierres taillées dont nous avons déjà publié les formes les plus remarquables [2]. C'est là aussi que se trouvent des momies accroupies étendues sur le flanc gauche, non recouvertes de bitume, mais cousues simplement dans des sacs formés par des peaux de gazelles. Cette année encore, nous avons eu la bonne fortune de voir exhumer sous nos yeux une nouvelle momie humaine, portant sur diverses parties du corps, des plaques ornementales taillées dans un calcaire blanchâtre ressemblant à de l'albâtre. C'est dans ce sébakh, au milieu de silex néolithiques et d'ornements en schiste verdâtres, qu'ont été ramassés les beaux glaives que nous

---

[1] On peut s'étonner que nous ayons intercalé dans la *Faune momifiée*, des *Recherches anthropologiques*. Nous y avons été amenés par la force même des choses, pendant le cours de notre travail, car il est vraiment impossible de séparer logiquement les momies animales ou des débris humains ou des instruments archaïques qui les accompagnent si souvent. Nous pensons que cette manière de faire augmentera l'intérêt que peut présenter notre travail à différents points de vue.

[2] *Faune momifiée*, série III, p. 29.

figurons ici. Chez un marchand de Luxor, nous avons vu, quelques heures avant de quitter la Haute-Egypte, une autre momie accroupie, portant encore fixée sur la ceinture une énorme pointe de lance triangulaire, taillée aussi dans une feuille de schiste vert.

Au pied de la grande montagne dominant Gébélein, se trouve aussi une autre nécropole qui a été bouleversée d'une façon déplorable, mais dans laquelle nous pensons qu'on pourrait encore faire de belles découvertes, en l'explorant avec méthode d'une extrémité à l'autre.

MOMIE ACCROUPIE Gébélein.

(Fig. 159.)

Cette momie accroupie ressemble tout à fait à celles que nous avons déjà décrites et photographiées, provenant de la même nécropole de Gébélein[1]. Elle repose sur le côté gauche ; la tête parait assez volumineuse, mais comme elle est entièrement enveloppée de linges, de peaux de gazelles ou de chèvres, il n'est pas possible de déterminer facilement à quel sexe elle appartient. Le corps est entouré au niveau des lombes et des fesses d'une natte en joncs, finement travaillée, recouverte elle-même de peaux très souples, appliquées probablement à l'état humide.

Les genoux sont ramenés au niveau du thorax, et les talons se trouvent ainsi placé sà la hauteur des fesses. Les bras, en partie désarticulés, paraissent avoir été croisés sur la poitrine, mais les mains manquent. Sur la région abdominale, un gros paquet de peaux repliées sur elles-mêmes, forme un tampon volumineux qui renferme un radius, parfaitement nettoyé, de mouton ou de chèvre. Les peaux, formant ce coussin, ont été certainement travaillées, car elles présentent de fines coutures exécutées avec beaucoup de soins, ainsi que des pièces rajustées indiquant qu'elles devaient faire partie d'un vêtement. Il semble d'abord impossible, avec cette tête enveloppée, et les clavicules à peu près invisibles, de déterminer avec certitude le sexe de ce sujet. Les pieds sont cependant très petits, tout à fait féminins ; tandis que les os longs, forts et robustes, ainsi que les os malaires fortement développés, appartiendraient plutôt au squelette d'un homme. Les épiphyses articulaires, friables et altérées profondément, indiquent un sujet encore jeune.

A propos de cette pièce intéressante, nous pensons que les expressions : *momie couchée en position fœtale*, devraient être rejetées du langage anthropologique. Rien ne prouve, en effet, que les anciens Egyptiens se soient amusés à faire l'autopsie de femmes enceintes afin d'examiner de quelle façon le fœtus humain plaçait ses membres antérieurs et postérieurs dans la cavité utérine.

Il me semble bien plus naturel d'admettre que le mort, avant que ses membres ne se fussent immobilisés par suite de la rigidité cadavérique, était placé les genoux sous le menton, les mains croisées sur la poitrine, les talons sous la région fessière, absolument dans la même situation que tous les Egyptiens, hommes ou femmes, prennent pour se reposer, lorsqu'ils s'assoient sur leurs talons, le dos appuyé à une muraille. Une fois immobilisé, par suite de la rigidité du système musculaire, le corps du défunt, ayant conservé cette position assise, était couché sur le côté gauche, sur le sol sablonneux de la tombe. Cette explication parait d'autant

---

[1] *Faune momifiée*, série III, p. 44-45, fig. 38 et 39.

plus admissible qu'Hérodote raconte que, dans certaines régions de l'Afrique antérieure, lorsque les parents voyaient un des membres de la famille sur le point de mourir, le malheureux était forcé de s'asseoir sur ses talons. On le maintenait par la violence dans cette position cruelle pour un agonisant, jusqu'à ce que la mort ait accompli son œuvre[1].

Fig. 159. — MOMIE ACCROUPIE. GÉBÉLEIN.

Sur les côtés de cette momie, ainsi que sur certaines parties de son corps, se trouvent cinq intéressantes plaques d'albâtre, taillées dans une pierre veinée quelquefois de zones noires.

[1] Hérodote, *Melpomène*, CXC : « Les nomades de Lybie inhument leurs morts comme les Grecs, sauf les Nasamons ; ceux-ci les enterrent assis, prennent bien garde quand l'âme de l'un d'eux s'échappe, de le mettre sur son séant et de ne point le laisser mourir sur le dos ».
Monteney Jephson, *Emin Pacha*, p. 110, dit encore cette phrase tout à fait caractéristique : « Chez les Baris, sur le Haut-Nil, près du lac Albert, quand meurt une personne du commun, on l'enterre dans une position couchée et on se lamente pendant deux jours ; mais les gens de qualité sont ensevelis assis, avec des peaux de vaches placées en dessus et en dessous, et quelques graines de maïs sur les côtés. »

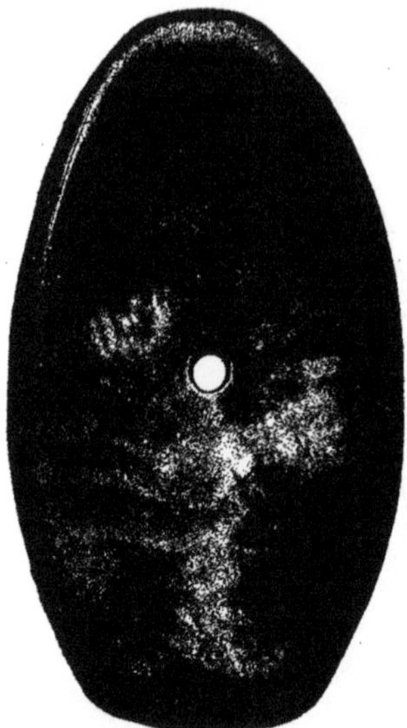

Fig. 160. — Plaque d'albatre. Gébélein.

Fig. 161. — Plaque d'albatre. Gébélein.

Fig. 162.
Plaque d'albatre. Gébélein.

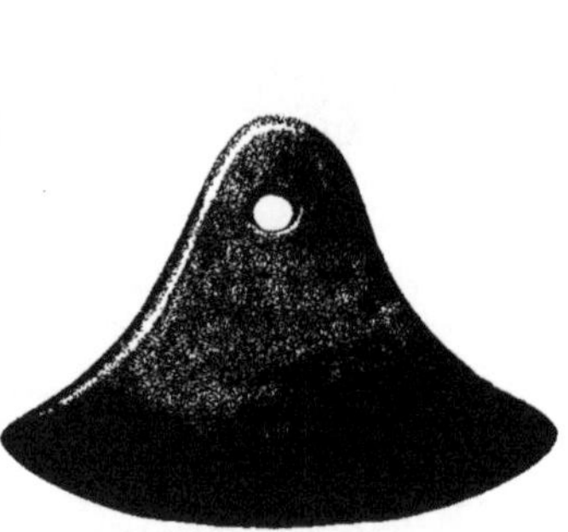

Fig. 164. — Plaque d'albatre. Gébélein.

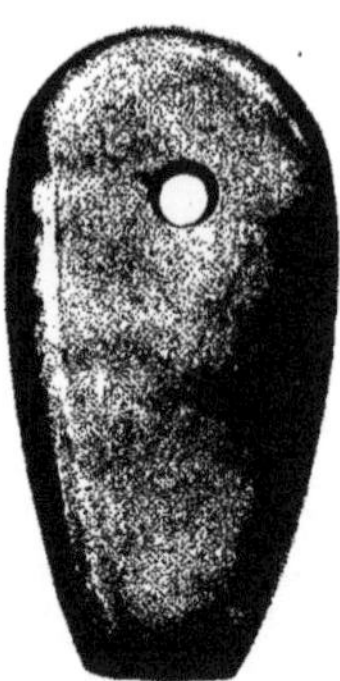

Fig. 163.
Plaque d'albatre. Gébélein.

(Toutes ces pièces sont représentées de grandeur naturelle.)

C'est d'abord une grande pièce ovalaire (fig. 160), longue de 15 centimètres, large de 8 et aiguisée en tranchant de hache à ses deux extrémités. Un trou large d'un demi-centimètre la perfore de part en part dans son milieu. Puis une autre pièce quadrangulaire, longue de 11 centimètres, large de 7 (fig. 161), taillée en tranchant de hache à l'une de ses extrémités ; elle est formée d'un calcaire tendre, veiné de noir et de blanc. Un trou large d'un demi-centimètre perfore la pièce à son extrémité noirâtre.

Les deux autres pièces (fig. 162 et 163) figurent certainement des haches votives, semblables à celles que nous avons déjà représentées, et provenant aussi de Gébélein. La tête est régulièrement hémisphérique, percée d'un trou assez large. La petite extrémité est aiguisée en tranchant de hache. Leur longueur est de 9 centimètres à 9 cm. 1/2, et la partie coupante n'a que 22 millimètres de large. Elles sont toutes deux taillées dans un calcaire blanchâtre et tendre, imitant l'albâtre.

Enfin, la cinquième pièce, la plus intéressante, figure une hache triangulaire, en fleur de lotus, perforée au sommet opposé au tranchant courbe (fig. 164). Toutes ces pièces paraissent avoir été maculées par du sang et de la graisse.

Le peu de dureté de la roche formant ces instruments, prouve que ces pièces étaient probablement symboliques, et qu'elles n'ont jamais pu être utilisées pour un travail quelconque.

STATUETTE ARCHAIQUE Gébélein.

(Fig. 165.)

La première des statuettes qui ont été trouvées sous la couche d'argile recouvrant la nécropole inférieure, a une apparence tout à fait extraordinaire et ne ressemble en rien à ce que nous avons pu voir, soit au Musée du Caire, soit dans les ouvrages qu'il nous a été possible de consulter. Elle est haute de 31 centimètres ; son corps est cylindro-conique, légèrement aplati d'avant en arrière.

La base, qui est la partie la plus large, a une circonférence de 20 centimètres. La tête, la barbe et le bonnet terminé par un gland arrondi, figurent un losange, au milieu duquel les yeux sont représentés par des trous cylindro-coniques. Cette statuette ressemble absolument à un membre de l'Association des Pénitents qui, encore aujourd'hui, dans certaines régions du Midi de la France, à Arles, Nimes ou Avignon, se couvrent d'un mantelet terminé par *la cagoule*, encapuchonnant entièrement la tête, et dont deux ouvertures permettent aux yeux de fonctionner librement. Deux chevrons, représentés par des

Fig. 165. — STATUETTE ARCHAIQUE.
GÉBÉLEIN.
(Hauteur 31 centimètres.

lignes creuses et parallèles, séparent la base de la figure, de la barbe, qu'on devine très pointue, sous l'étoffe qui la tient appliquée sur le devant de la poitrine.

Cette singulière statuette, prêtre ou divinité, est travaillée dans un calcaire violacé, dur et à grains très fins.

STATUETTE ARCHAIQUE Gébélein.

(Fig. 166.)

Cette statuette est vraiment tout à fait extraordinaire dans son genre, et jusqu'à aujourd'hui, je ne connais rien qui puisse lui être comparé. La roche dans laquelle elle a été taillée, est cette brèche jaune et rose qui servait aussi à faire tant de vases hémisphériques, et sur lesquels M. de Morgan a, le premier, attiré l'attention des Egyptologues. Le grain de la pierre est très fin, aussi la statuette a-t-elle été parfaitement polie. Sa hauteur totale est de 50 centimètres ; la circonférence inférieure est de 38 centimètres. Au niveau des épaules, prise sous la barbe, elle est encore de 34 cm. 50. Le thorax, ainsi que la région ventrale sont aplatis d'avant en arrière, tandis que la partie postérieure du corps, du haut en bas, est légèrement convexe. Les épaules et les bras sont dissimulés sous les plis d'une longue robe ou peut-être d'un manteau.

Les épaules sont saillantes, horizontales, écartées de 12 centimètres environ. A la place où devraient se trouver les coudes, dissimulés sous l'étoffe du vêtement, on voit deux trous profonds, infondibuliformes et perforant le corps de la statuette de part en part. Les orifices antérieurs de ces ouvertures sont parfaitement circulaires, tandis qu'en arrière elles sont rendues presque ovalaires à cause de la convexité de la région dorsale.

Cette statuette est surmontée d'une tête d'aspect bizarre et ne ressemblant en rien à ce qui a été figuré jusqu'à ce jour. La longueur de cette tête, depuis le vertex jusqu'à l'extrémité ultime de la barbe longue et pointue, est de 21 cm. 50. Elle est très aplatie en arrière, l'occipital étant évidemment fortement réduit en compensation de l'énorme développement des pariétaux et du frontal, ce qui donne au crâne une forme scaphoïdale des plus prononcées. L'os frontal se continue insensiblement avec un nez long, mince et pointu. Les oreilles très correctement placées sont représentées par deux bourrelets, percés à moitié seulement dans leur épaisseur d'un trou large d'un centimètre à peu près. Les yeux sont figurés par deux ovales bordés de sillons concaves, simulant les bords de l'orbite. Les iris sont formés de deux trous ronds assez profonds, qui donnent à cette archaïque statuette un regard singulièrement expressif. La bouche n'est pas dessinée, ou bien, elle peut être cachée sous une longue barbe qui, depuis l'extrémité antérieure du nez jusqu'à sa pointe ultime, très aiguë, mesure une longueur de 12 cm. 50. La base de la statue est percée d'un large trou de 9 centimètres de profondeur, et destiné évidemment à fixer la statuette sur un pignon de bois ou de pierre.

Nous avons envoyé les photographies de ces deux statuettes à M. de Morgan qui a peut être eu l'occasion de voir, soit en Egypte, soit à Suse ou en Perse, des pièces plus ou moins analogues à celles que nous venons de décrire.

Voici ce qu'il nous a répondu : « Vos deux statuettes sont fort intéressantes ; je n'en connais pas d'autres en pareille matière, mais il en existe en ivoire, du même type. Comparez vos deux statuettes à celles que j'ai figurées *(Rech. orig. Negadah,* p. 52, fig. 96 — 100 et 102,

103, 105 à 107) d'autres *(id.* p. 53, fig. 108, 109, 110) ne sont que la stylisation des

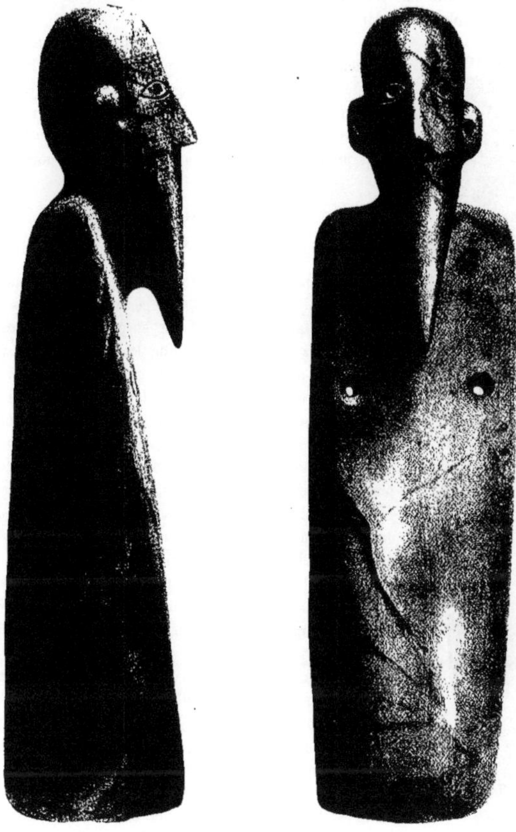

Fig. 106. — STATUETTE ARCHAÏQUE (face et profil). GÉBÉLEIN.
(Hauteur 50 centimètres.)

premières et des vôtres. Toutes appartiennent à la même conception de la figuration de l'homme, idée qui ne correspond pas à la forme égyptienne, mais est asiatique ; témoin la longue barbe. Au contraire, les figures 101 et 104 semblent plus spéciales à l'Égypte, et encore ? Toutes ces représentations humaines se relient au groupe des plaques de stéato-schistes sculptées, l'ensemble est essentiellement asiatique.

« A mon sens, cette école est celle des prépharaoniques venus d'Asie. Ce n'est que plus tard que s'est développé le goût indigène égyptien. A l'époque de Négadah — tombe royale — cet art prépharaonique avait déjà disparu ; il appartient à l'énéolithique, et peut-être a persisté plus longtemps dans quelques localités, mais jusqu'ici semble être antérieur à la première dynastie[1]. »

GLAIVE ARCHAIQUE Gébélein.

(Fig. 167.)

Les deux glaives en schiste vert foncé, que nous figurons ici, en demi-grandeur sont des pièces vraiment remarquables, et dont les analogues n'ont pas encore été signalées. Quelques archéologues semblent douter de leur authenticité, puisque ces armes n'ont point été trouvées par nous-mêmes. Nous ne pouvons admettre cependant qu'elles soient fausses, car elles ont recueillies par une personne en laquelle nous avons toute confiance, et dans des conditions de sécurité toute spéciale. De plus, leur facture ne saurait être comparée à celle de nombreux faux qui sortent tous les jours, par centaines, des fabriques d'antiquités de Kourna et de Louqsor. Les objets douteux laissent toujours voir des défaillances dans le dessin, ou dans l'exécution, qui peuvent indiquer leur origine ; sur les deux glaives que nous photographions ici, rien de semblable : le dessin est élégant, correct, tout à fait original. La pièce est très finie, et ne montre nulle trace de ce style baroque qui caractérise, et qui dépare si souvent les productions des Égyptiens de nos jours.

Ces glaives ont été trouvés dans le voisinage des statuettes précédemment décrites, au milieu du Sebakh amoncelé au pied de la montagne centrale de Gébélein. Leur patine est vraiment admirable et, au premier abord, pourrait les faire prendre pour des armes de bronze.

La première arme (fig. 167) a une longueur totale de 47 centimètres. La lame proprement dite est longue de 30 cm. 5. A la base, sa plus grande largeur est de 9 centimètres ; elle présente sur toute sa longueur une saillie longitudinale destinée à la renforcer. Les deux côtés de la lame sont très tranchants, aussi est-

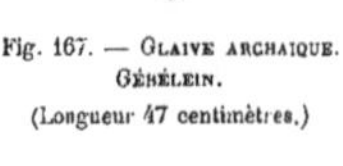

Fig. 167. — GLAIVE ARCHAIQUE.
GÉBÉLEIN.
(Longueur 47 centimètres.)

[1] De Morgan, *in litt.*, 21 avril 1909.

il évident que soit en pointant, soit en frappant, il serait possible
de faire, avec ces armes, des blessures sérieuses sur des corps à
moitié nus.

A la base, la lame paraît pénétrer dans un manche simulant
une gueule de poisson largement ouverte qui lui offre des deux
côtés des pièces de renforcement, se terminant élégamment par
deux extrémités retournées en volutes, à l'extérieur. Un peu en
arrière, ce manche porte sur les côtés deux crocodiles longs de
6 cm. 50, se soulevant un peu sur leurs pattes de devant, et présentant sur le dos et sur la queue des écailles tout à fait carac-
téristiques. L'extrémité caudale de ces sauriens, se relève aussi,
comme le font souvent ces animaux vivants lorsqu'ils sont excités.
En arrière des crocodiles, une poignée mince aplatie et très courte,
longue seulement de 9 centimètres, imite la nageoire caudale d'un
poisson en terminant son bord postérieur par sept dents triangulaires
figurant l'extrémité des rayons osseux de la queue.

Cette superbe pièce est absolument intacte et ne paraît jamais
avoir été utilisée.

GLAIVE ARCHAIQUE Gébélein.
(Fig. 168.)

L'autre glaive (fig. 168) a des dimensions plus considérables et
présente dans son profil des ondulations extrêmement originales et
élégantes. Sa longueur totale est de 55 centimètres, tandis que sa
plus grande est de 7 cm. 5. La lame est presque droite jusqu'à la
moitié de sa longueur ; elle est très tranchante sur son bord convexe,
puis elle s'incurve légèrement, et porte sur le côté concave un crocodile
long de 17 centimètres qui se cramponne sur la lame par le moyen
de ses pattes très bien modelées. La gueule du saurien est légèrement relevée ; ses yeux elliptiques sont placés correctement. Le
corps de l'animal est recouvert d'écailles bien modelées, et l'extrémité
caudale ne se relève pas comme chez l'animal excité.

En arrière du crocodile, touchant l'extrémité de la queue, un
lien solide faisant bourrelet, paraît maintenir la lame dans le manche
qui semble figurer l'extrémité antérieure d'un poisson imaginaire,
présentant une nageoire sur la tête et une autre dans la région cervicale inférieure. Quel que soit l'animal sculpté dans ce manche, les
deux lèvres en sont assez largement ouvertes.

Cette belle arme est bien en main, et si la substance qui la forme
était plus résistante, elle pourrait faire des blessures sérieuses car le
côté convexe de la lame est très aiguisée.

Ces deux armes intéressantes sont taillées dans un schiste d'un

Fig. 168.
GLAIVE ARCHAIQUE. GÉBÉLEIN.
(Longueur 55 centim.)

vert intense, zoné irrégulièrement de taches plus foncées. Elles imitent absolument certains poignards en bronze zébrés de macules brunâtres. Nous ne pouvons croire qu'elles aient jamais pu être employées sérieusement, car malgré la dureté relative de la roche dans laquelle elles ont été taillées, elles devaient être trop fragiles pour servir utilement dans un combat ou un sacrifice. Nous pensons que nous nous trouvons en présence d'armes purement symboliques, servant exclusivement dans quelques cérémonies religieuses.

Le schiste, dans lequel ces pièces ont été taillées, est infiniment plus foncé et moins verdâtre que celui d'où proviennent les nombreuses amulettes qui se rencontrent dans les stations dont nous avons déjà parlé. Nous ignorons dans quelle région se trouve le gisement de cette roche. Il est probable, cependant, qu'elle se voit dans la chaîne montagneuse des bords de la mer Rouge, qui sont si riches au point de vue pétrographique.

AMULETTE EN SCHISTE Gébélein.
(Fig. 169.)

Dans les dépôts de Sebakh, qui recouvrent une partie de la station de Gébélein, nous avons ramassé une singulière amulette quadrangulaire (fig. 169) taillée dans une plaque

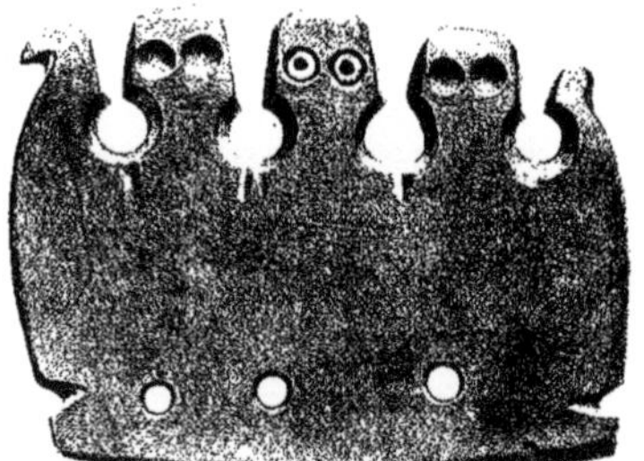

Fig. 169. — Plaque de schiste. Gébélein.
(Grandeur naturelle.)

mince de stéato-schiste verdâtre. Sur l'un des côtés se voient trois trous cylindro-coniques, c'est-à-dire perforés à moitié d'un côté et repris ensuite sur l'autre face, en faisant tourner un instrument en pierre dure, très probablement. Sur la même ligne que ces trous, qui sont irrégulièrement espacés, et sur les deux côtés de la plaque, se montrent deux encoches ayant servi peut-être à assujettir solidement cette pièce sur un vêtement de cuir. Les deux petits côtés du schiste quadrangulaire sont légèrement convexes, et sont terminés par une tête d'oiseau grossièrement figurée. Entre ces têtes d'oiseaux, se trouvent trois autres têtes quadrangulaires portées par des cous assez longs, et figurant probablement des extrémités céphaliques de tortues. Elles montrent à leur surface supérieure de grandes orbites creusées

Fig. 170. — Pointe de lance en schiste. Gébélein.
(Longueur 33 centimètres.)

dans la pierre. Les deux orbites de la tête du milieu portent, incrustés profondément, deux petits anneaux d'une pierre jaunâtre imitant parfaitement le cercle iridien.

Les cous supportant ces têtes bizarres sont séparés par des échancrures arrondies, ouvertes en avant et creusées aussi alternativement sur les deux faces par un instrument perforant.

POINTE DE GRANDE LANCÉ Gébélein.
(Fig. 170.)

Dans ce même sebakh de Gébélein, nous avons trouvé encore une grande pointe de lance en schiste verdâtre, pointe votive probablement, car je ne pense pas qu'un instrument de cette dimension puisse jamais servir (fig. 170). Il est long de 33 centimètres, large de 13 centimètres dans sa partie inférieure qui se termine par une section horizontale de 7 centimètres, percée d'un trou cylindro-conique dans son milieu. Les deux bords latéraux se terminent par deux têtes d'oiseaux grossièrement figurées et dont les yeux sont représentés par deux trous circulaires peu profonds.

Cette pièce ressemble un peu à celle qui est reproduite à la planche XLIX, figure 65, par M. Flinders Pétrie dans son volume intitulé : *Nagada and Ballas*, seulement l'extrémité de notre arme se termine par une pointe bien plus aiguë.

BARQUE TAILLÉE DANS UNE BRÈCHE ROSE
(Fig. 171.)

À côté des statuettes, de formes asiatiques, que nous venons de décrire, nous avons encore trouvé dans les décombres de Gébélein une très belle barque massive, taillée assez grossièrement dans un bloc de poudingue crème et rouge, roche employée si fréquemment par les populations de cette région pour faire surtout des vases hémisphériques.

Fig. 171. — BARQUE TAILLÉE DANS UNE BROCATELLE ROSE. GÉBÉLEIN.
(Longueur 40 centimètres.)

À propos de cette roche, M. le professeur Schweinfurth nous a fait remarquer, dans une lettre datée de janvier 1909, que le savant géologue Blanckenborn lui a appliqué le terme de *brocatelle*. Ce nom a été donné en France à une formation géologique analogue mais beaucoup plus ancienne. Le marbre brocatelle remonte à l'époque primaire tandis que la brocatelle égyptienne date du début du quaternaire, comme le pense M. Schweinfurth, ou peut-être du début du tertiaire, de l'avis de M. G. Flamand.

Cette barque a 40 centimètres de longueur (fig. 171) sur 14 cm. 50 dans sa plus grande

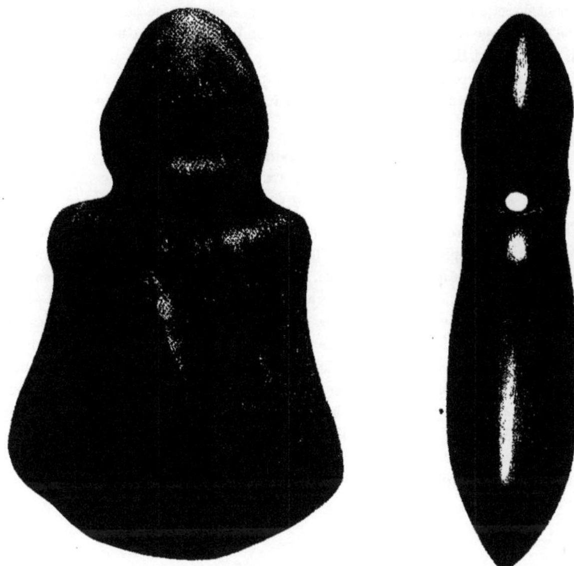

Fig. 172. — HACHE EN PIERRE POLIE (face et profil). GÉBÉLEIN.
(Grandeur naturelle.)

largeur. Au milieu, sa hauteur est de 6 centimètres, tandis qu'aux deux extrémités elle est de 9 à 10 centimètres. Sa courbure est régulière, comme celle des barques actuelles du Nil; mais, dans sa partie médiane inférieure, un large espace elliptique a été taillé plan, ce qui permet à la nacelle de se tenir d'aplomb sur une surface horizontale. Les deux extrémités antérieures et postérieures sont, au contraire, brusquement relevées et présentent un aspect tout à fait particulier. En avant, un large bec, pourvu de deux lèvres à peine indiquées, est pourvu à droite et à gauche de deux protubérances simulant des yeux. On dirait qu'on a voulu représenter l'extrémité antérieure de certains poissons, ou peut-être d'un crapaud ou même d'un crocodile. Les yeux sont obliquement insérés comme ceux d'un saurien.

L'extrémité postérieure, coupée brusquement, montre repliée sur elle-même une espèce d'appendice caudal terminé par une partie élargie très proéminente, séparée du restant du corps par un sillon prononcé.

Enfin, au milieu de la barque, on voit une saillie longue de 15 centimètres, séparée par une rainure profonde qui semble représenter deux corps humains, étendus l'un à côté de l'autre sur le pont de cette nacelle. L'un de ces corps, celui d'une femme probablement, paraît être revêtu d'une longue robe, tandis que l'autre a les jambes nues jusqu'à mi-cuisses, ainsi que le sont si souvent les fellahs égyptiens.

Que peut bien représenter cette singulière pièce? Ni au musée du Caire, ni dans les ouvrages que nous avons pu consulter, nous n'avons rien trouvé qui puisse lui être comparé.

HACHE EN PIERRE Gébélein.
(Fig. 172.)
(Grandeur naturelle.)

Dans les décombres de Sebakh à Gébélein, nous avons trouvé la belle hache figurée ci-contre (fig. 172), qui présente une silhouette tout à fait exceptionnelle et vraiment très élégante. Elle est taillée en forme de gourde. La partie supérieure, qui représente l'emmanchure de l'instrument, a 5 cm. 50 de hauteur, et cette espèce de goulot, à l'endroit où il se soude au corps de la hache, au niveau de deux fortes saillies qui forment de véritables épaules, présente un large trou transversal qui devait servir probablement à fixer l'instrument à son manche. Cette hache est légèrement excavée sur les bords, tandis que son tranchant, épais et solide, décrit une courbe gracieuse, très régulière. C'est la seule pièce que nous ayons trouvée taillée ainsi d'une façon si originale. La roche qui constitue l'instrument est un marbre irrégulièrement veiné de noir et de gris. Elle ne pouvait donc servir à entamer des corps durs; mais, comme hache de combat, elle devait certainement produire des blessures graves sur le crâne ou sur les membres non protégés.

RIZAKÂT OU EL REZEKÂT

De cette station néolithique, jusqu'à présent peu connue, nous avons déjà (4ᵉ série, p. 201) figuré un certain nombre de pièces bien travaillées, haches ou autres objets, présentant une

Fig. 173.
VASE EN SERPENTINE RIZAKAT.
(Grandeur naturelle.)

Fig. 174.
VASE EN GNEISS MICASCHISTEUX A DIOPTASE. RIZAKAT.
(Grandeur naturelle.)

facture toute spéciale. Cette année encore, nous avons pu acquérir d'un fouilleur marron deux pièces originales que nous tenons à représenter ici.

VASES EN PIERRE
(Fig. 173 et 174.)

La première est un vase (fig. 173) taillé, en serpentine verte, haut de 9 centimètres, large de 7 au niveau des anses qui figurent deux grenouilles appliquées sur les côtés. Au niveau des pieds de ces petits animaux, très correctement sculptés, se voient des trous de suspension perforant les côtés du vase de part en part. Entre les deux grenouilles, un large goulot porte l'embouchure du vase entouré lui-même d'un épais bourrelet. L'orifice qui conduit dans l'intérieur a 1 centimètre de diamètre, mais il s'arrête brusquement à 4 centimètres de profondeur. C'est donc bien là un simulacre de vase qui, malgré son inutilité évidente, est régulièrement aplati comme une gourde élégante, en se terminant inférieurement par un fond très aminci.

L'autre vase (fig. 174) montre un travail encore plus rudimentaire. La partie qui forme la panse est séparée du corps par deux protubérances arrondies, non perforées quoique simulant les anses. Cet objet a été taillé, d'après M. Flamand qui a beaucoup étudié la géologie du nord de l'Afrique, dans un bloc ou un caillou roulé de gneiss micaschisteux à dioptase, provenant sans doute des massifs montagneux du Haut-Nil. Il est intéressant de trouver dans le bassin de ce fleuve des traces de la dioptase, minéral connu en Afrique surtout dans le bassin du Congo[1].

Le bec du vase est perforé d'une petite ouverture qui n'a que 1 cm. 50 de profondeur. Nous avons donc là un simple simulacre d'une gourde non utilisable.

CRAPAUD

(Fig. 175.)

Bufo regularis, Boulenger, *Catalogue of the Batrachia Salientia of the British Museum.* London, 1882, p. 298.
Bufo pantherinus, Duméril et Bibron, *Erpetologie*, t. VIII, p. 687.

Ce crapaud (fig. 175) est admirablement travaillé dans la pièce figurée ci-contre, sculptée dans un morceau de serpentine verdâtre, rayée en jaune. Elle représente avec une grande fidélité les caractères que montre l'animal au repos, et rappelle d'une façon frappante certains bronzes japonais récents vendus dans les bazars de Tokio.

Le *Bufo regularis* « a le premier doigt plus long que le second ; les bords orbitaires sont peu saillants ; la peau recouvrant le crâne est épaisse et bien distincte. Les parotides oblongues elliptiques, s'étendent en droite ligne depuis le haut du tympan jusqu'à l'arrière de l'épaule. Le tympan est grand, sub-ovale, très distinct. Les orteils sont demi-palmés. Pas de grosses glandes semblables aux parotides sur la face supérieure de la jambe ; au talon deux tubercules assez forts, l'un subcirculaire, l'autre ovalaire. Une saillie linéaire de la peau, le long du bord interne du

Fig. 175. — BATRACIEN EN SERPENTINE. RIZAKAT.
(Longueur 11 centimètres.)

[1] A. Lacroix, *Minéralogie de la France et de ses colonies*, t. I, p. 201.

tarse. Dos offrant ordinairement une rangée de grandes taches ovales, noires, liserées de jaune ou de blanchâtre ; de chaque côté d'une raie longitudinale de l'une ou de l'autre de ces couleurs. Une vessie vocale sous-angulaire interne chez le mâle. Apophyses transverses de la huitième vertèbre à bords amincis et tranchants, dirigés obliquement en avant. » (Duméril et Bibron).

Cette espèce est très répandue dans le nord-est de l'Afrique, jusque dans les régions tropicales. On ne la rencontre que lorsque la température est déjà élevée, en mai ou en juin. En automne et en hiver, elle reste cachée profondément dans des trous humides.

KÔM-OMBO

Lorsqu'on suit le cours du Nil, en remontant le fleuve de Louqsor à Assouan, on arrive, avant d'atteindre cette charmante petite ville, à un gracieux promontoire élevé d'une quinzaine de mètres, dominant une large courbe du fleuve. En face de ce cap, se trouve une grande ile, très bien cultivée, appelée Geziret-el-Mansourièh. Le promontoire de limon et de sable, se lève comme une élégante colline, portant les superbes ruines d'un temple ptolémaïque bien souvent décrit par les guides et les voyageurs. Depuis quelques années, le Nil, au moment des hautes eaux, ronge activement la rive orientale de son lit, et sapant les fondations du temple, a fait écrouler quelques-unes de ses parties, notamment l'un des pylones. C'est la raison qui a engagé M. de Morgan à faire construire une haute digue demi-circulaire, destinée à repousser les flots du fleuve, afin de conserver intacts les restes de ce bel édifice.

En arrière du temple, une puissante muraille en briques crues arrête les dunes des sables mobiles, qui descendent comme de véritables torrents des parties supérieures de la côte, vers le monticule qui porte les constructions sacrées.

C'est probablement dans cette vallée supérieure, qui forme une courbe gracieuse, portant quelques acacias et figuiers sycomores, que se trouvent profondément recouverts par les sables fins, les restes du vieux Kôm-Ombo, ainsi que la nécropole archaïque qui, croyons-nous, n'ont pas encore été fouillés sérieusement.

A une petite distance du temple, sur le bord du fleuve, s'élèvent des constructions abritant les puissantes pompes, les plus colossales du monde entier, qui font monter sur le plateau supérieur une masse énorme d'eau, un véritable fleuve, destiné à arroser abondamment les immenses cultures, s'étendant sur 30.000 hectares exploités actuellement par une Société Anglo-Egyptienne. Cette vaste plaine est à 22 mètres au-dessus du niveau du Nil actuel, et ne peut être cultivée que grâce à cet arrosement surabondant.

Le plateau s'étend uniformément ondulé jusqu'aux collines rocheuses et tout à fait stériles formant la chaîne arabique. Le sol est formé par une couche extrêmement épaisse d'un limon foncé, déposé jadis jusqu'à ces hauteurs par le vieux Nil, lorsque le barrage naturel de Gébel-Silsilé — la colline de la chaîne — forçait le niveau de l'eau à s'élever à plus de 22 mètres sur cet aride plateau, où elle déposait pendant des milliers d'années, les puissantes couches de limon noir, devenu actuellement d'une grande dureté. A cette époque, quaternaire probablement, le fleuve devait donc former dans cette région un lac immense, qui n'a pu disparaître que bien plus tard, lorsque le barrage de Silsilé a été rompu par le travail des eaux. Le plateau desséché et redevenu stérile s'est alors recouvert d'une couche de sable fin amené par les vents, et ne peut être aujourd'hui cultivé que grâce au puissant arrosement factice, opéré à frais énormes.

C'est actuellement dans cette plaine aride jusqu'à ces dernières années, que se voient à présent, des champs immenses de blé, d'orge, de fèves, de luzerne, de cannes à sucre, de maïs, etc., et c'est aussi, grâce à cette irrigation intense, que le village de Chatb peut subsister, remplaçant peut-être une partie du vieux Kôm-Ombo aujourd'hui disparu, mais qui, à une époque reculée, devait être, très certainement, un important centre de population.

A partir du promontoire sur lequel s'élève le temple, le Nil décrit une courbe rentrante très gracieuse, se terminant à un autre cap, qui porte la belle habitation, en briques noires, où séjourne Birsch pacha, le directeur de l'exploitation agricole, et non loin de là, les grandes constructions abritant les admirables pompes dont nous avons parlé. Toute cette région est couverte par une épaisse couche d'un beau sable très fin, d'une couleur d'or, sans aucune trace de végétation et coulant comme de l'eau.

Les terres cultivées sont arrosées très largement par une multitude de canaux s'étendant jusqu'à la limite des zones désertiques. C'est sur le bord de la plaine verdoyante que passe le chemin de fer de Louqsor à Assouan, se dirigeant au sud, en ligne absolument droite, jusqu'au village de Chatb, éloigné de 2 kilomètres environ de l'administration centrale de la Compagnie agricole. Un petit chemin de fer Décauville conduit aux pompes, et se prolonge jusqu'à la maison du pacha directeur.

La nécropole ptolémaïque que nous devions fouiller, se trouve éloignée de 2 kilomètres à peu près. Il est facile, pour y arriver rapidement, d'obtenir l'autorisation de se servir d'un trolley poussé avec une grande vitesse par trois fellahs qui courent très adroitement, les pieds nus, sur les rails d'acier souvent surchauffés par les rayons d'un soleil éblouissant.

Cette vaste nécropole, relativement récente, se prolonge le long de la voie ferrée, sur une longueur de 2 kilomètres, et sur une largeur de 600 mètres environ. Elle est bornée à l'est, par le chemin de fer et, à l'ouest, par une pente rapide qui rejoint une petite vallée se dirigeant vers le temple placé au bord du Nil.

C'est en bas de cette déclivité, que poussent de gros figuiers Sycomores, ombrageant un grand nombre de Sakkiyé, qui font monter de l'eau jusqu'à ce point élevé. Non loin de ces norias s'élève le village considérable appelé Chatb, construit en partie en pisé, en partie en maisons coniques, véritables paillottes, semblables à celles du Soudan. Les premières sont habitées surtout par des fellahs sédentaires, tandis que les secondes servent d'abri à des familles de la nombreuse peuplade des Ababdè, encore à moitié nomades, et qui ne séjournent dans cette région que pendant une certaine partie de l'année, lorsque les travaux agricoles leur permettent de travailler d'une façon fructueuse et continue.

L'espace elliptique sur lequel se trouve la nécropole ptolémaïque est recouvert d'une couche de sable variant entre 40 et 50 centimètres, sans cesse renouvelé par les vents, surtout par les coups de Khamsin, qui se font sentir dans cette région avec une violence extraordinaire pendant les mois de mars et d'avril. Sous le sable, se trouve le vieux limon du Nil datant probablement de l'époque quaternaire. Il est extrêmement dur, aussi est-ce dans cette masse d'une épaisseur considérable que les habitants de l'antique Ombos ont creusé les dernières demeures de leurs morts.

Les tombes se présentent sous différents types : le plus souvent elles consistent en un puits quadrangulaire de 80 centimètres de côté, de 4 à 6 mètres de profondeur, toujours comblé avec du sable fin, ce qui permet de le découvrir facilement, grâce à la facilité avec laquelle la tige d'acier, longue de 2 mètres, dont est armé le cheikh dirigeant le travail, pénètre dans ce sable remué, que jamais humidité n'a pu agglomérer à nouveau. Si, au contraire, cette broche vient buter contre le limon du Nil durci, sans y pénétrer, on peut affirmer qu'à cet endroit il n'y a aucun puits conduisant à une tombe plus ou moins profonde.

Beaucoup d'entre elles consistent tout simplement en une grotte spacieuse taillée dans le limon durci et se soutenant toute seule sans l'aide de pierres ou de briques. Un étroit couloir, long de 2 à 3 mètres, relie l'extrémité inférieure du puits avec la chambre funéraire, et cette communication est ordinairement fermée par cinq ou six briques placées simplement sur le sol. Certaines de ces grottes voûtées dans le lehm, sont assez grandes pour renfermer plusieurs momies humaines, ainsi que de nombreux animaux conservés dans le bitume ou quelquefois par les bains de natron résineux.

D'autres tombes, construites différemment, sont très probablement des caveaux de famille. Voici en quoi elles consistent : un grand quadrilatère, long de 4 mètres, large de 2 mètres, profond de 3 mètres, a été creusé dans le limon. Au milieu de cette grande fosse, se trouve ordinairement une voûte en briques crues, le plus souvent éboulée. Dans les angles de cette fosse commune, de petites ouvertures, conduisant dans d'étroites galeries, aboutissent à des cavités secondaires où se trouvent des momies humaines placées pêle-mêle au milieu de momies animales.

MOMIES HUMAINES

Les momies humaines sont ordinairement protégées par des cercueils en terre cuite, recouverts de couvercles plats. D'autre fois, elles sont placées dans des sarcophages en pierre calcaire assez grossièrement taillés, sans ornements ni inscriptions. Les corps sont étroitement enveloppés de toiles fines, teintes en rouge brique. La tête est presque toujours protégée par un masque fortement doré, ayant conservé le plus bel éclat.

Les pieds sont fixés dans des bottes jumelles, très ornées, et montrant en dessous les semelles des chaussures dorées.

Sur le devant du corps, diverses pièces peintes avec une certaine élégance, sur du carton entoilé, forment une demi carapace économique destinée à remplacer le fourreau coûteux des momies archaïques.

Les sourcils et les yeux grands ouverts sont peints sur le masque d'or jaune qui a conservé tout son brillant, n'ayant jamais été soumis aux influences délétères de l'humidité.

Sur le flanc gauche de la momie, se voient généralement écrits en grec archaïque le nom et la profession de la personne ensevelie.

Sauf une, les inscriptions des momies de Kôm–Ombo sont très lisibles. Nous devons à M. Loret, professeur d'Egyptologie à la Faculté des Lettres de Lyon, qui a bien voulu examiner ces inscriptions, les transcriptions et traductions suivantes :

Enfant : Ωρος Φμοις[1] αρχιτεκτων.

Horos, fils de Phmoïs, architecte.

---

[1] Le nom Φμοίς, assez rare, a déjà été signalé dans U. Wilcken, *Griechische Ostraka aus Ægypten und Nubien*, index des noms propres.

Enfant : Πετεσουχος Φμοις αρχιτεκτων.
       Pétésouchos, fils de Phmoïs, architecte.

Adulte : Φμοις Φμοις αρχιτεκτων.
       Phmoïs, fils de Phmoïs, architecte.

Adulte : Πετεαρμοσνουφις [1] Ψεβωτος [2].
       Pétéarmosnouphis, fils de Psébos.

Fig. 176 à 178. — Inscriptions relevées sur des Momies humaines de Kôm-Ombo.

Adulte : Ταυβασθις [3] Ψεβωτος.
       Taubasthis, fille de Psébôs.

Adulte : Τασουγις Μομις.
       Tasouchis, fille de Momis.

[1] Cf. dans Wilcken le nom Πετιαρνοῦφις.
[2] Cf. dans Wilcken les noms analogues : Ἀβῶς (gén. Ἀβῶτος), Πεβῶς, Τεβῶς.
[3] On ne rencontre dans Wilcken que la forme masculine de ce nom : Παυβάστις.

Quelquefois, ces galeries horizontales sont en communication, dans leur milieu, avec d'étroits puits verticaux remplis de sable fin, retenu tout simplement par une petite herse formée de quelques briques crues, dressées l'une contre l'autre. Ce sont là d'ingénieux pièges à voleurs, destinés à arrêter les violateurs de sépultures. Lorsqu'on est à genoux, rampant péniblement dans ces galeries, il est alors très dangereux d'enlever ces briques qui s'opposent au passage, car dès qu'elles sont renversées, le sable fluide se précipite avec violence et peut

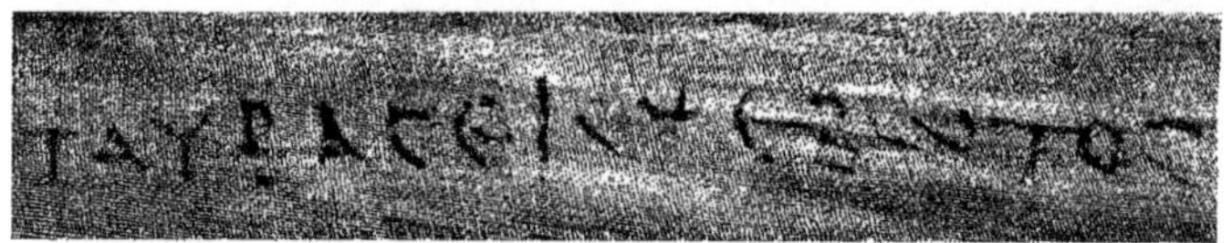

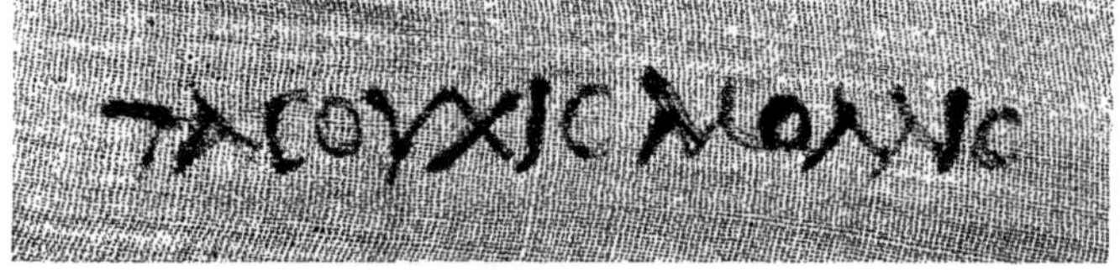

Fig. 179 à 181. — Inscriptions relevées sur des Momies humaines de Kôm-Ombo.

asphyxier très rapidement l'imprudent explorateur. Cet accident a failli nous arriver et une prompte retraite a seule pu nous préserver d'une asphyxie rapide.

Quelquefois, les momies humaines se trouvent seules dans leur tombe. Souvent, elles sont à moitié cachées par des dépôts d'oiseaux, de mammifères, de crocodiles grands ou petits, entassés sans ordre mais ayant ordinairement la tête dirigée du côté de l'ouverture.

Dans d'autres tombes, des crânes humains, mêlés avec des têtes de gazelles, accompagnent les momies humaines. La plupart des têtes de gazelles sont sans corps; quelquefois, cependant, on les trouve liées à des os des membres antérieurs ou postérieurs, encore garnis de leurs chairs et de fragments de peau garnis de poils parfaitement conservés.

Les oiseaux sont très nombreux; les grosses espèces sont quelquefois embaumées au natron résineux et montrent leurs ailes et leurs pattes fortement écartées. D'autres fois, et c'est le cas le plus fréquent, de nombreux oiseaux, collés les uns aux autres, ont été roulés de façon à former de gros cylindres couverts d'épaisses couches de bitume et consolidés par quelques tiges de roseaux.

Des chiens et quelques chats se trouvent mêlés aussi aux momies d'oiseaux qui appartiennent presque tous aux Rapaces et qui seront étudiées ultérieurement.

Dans quelques-unes des sépultures de Kôm-Ombo, les momies humaines étaient détériorées ou complètement brisées. Nous y avons recueilli une petite série de crânes humains dont quatre en assez bon état de conservation, nous ont paru mériter une courte description anthropométrique.

M. le Dʳ Jarricot, qui a bien voulu examiner ces pièces, nous a remis à leur sujet la note suivante, résumant ses observations :

CRÂNES HUMAINS DE LA NÉCROPOLE DE KÔM-OMBO

Par M. le Dʳ JARRICOT.

Au point de vue de l'aspect extérieur, de la coloration, de la densité des os et de l'état de conservation, trois de ces pièces ont un air de famille qui saute au yeux. Ce sont les crânes qui portent les numéros 1, 2 et 3 dans le tableau de mesures annexé à cette note. Ces crânes sont secs, blancs, friables, entièrement décharnés. Ils ne répandent aucune odeur et ne présentent aucune trace d'embaumement. Le crâne n° 4, au contraire, est celui de momie récemment décharnée ici-même.

Au point de vue de l'âge et du sexe, une des pièces (c'est le crâne n° 2) doit être rapportée à un sujet jeune, de douze à quinze ans au plus. Il est difficile d'en déterminer le sexe avec certitude. Les trois autres pièces sont des crânes d'hommes. Deux ont appartenu à des adultes, les crânes nᵒˢ 1 et 4 ; le crâne n° 3 est celui d'un vieillard. Ces déterminations sont basées, en ce qui concerne le sexe, sur l'aspect de l'ossification, sur le volume des muscles conjecturé d'après l'examen des surfaces d'insertion, sur la saillie de la glabelle, sur le développement de l'inion et de la crête occipitale, sur la longueur de la corde naso-ophryaque (20 à 23 millimètres sur les trois crânes d'adultes). En ce qui concerne l'âge, les déterminations reposent sur l'état de la dentition et des sutures. Sur le crâne n° 2, toutes les sutures sont ouvertes. Elles sont d'ailleurs très compliquées, surtout la coronale et la lambdoïde. Les germes des dents de sagesse sont encore très haut situés dans les alvéoles. Sur le crâne n° 3, toutes les sutures sont soudées et même effacées en grande partie. L'atrophie sénile du maxillaire, d'autre part, est poussée à l'extrême limite ; les alvéoles ont été résorbées en totalité.

Au point de vue des particularités individuelles, ces pièces prêtent aux remarques suivantes :

Crâne nᵒ 1. — Comme les crânes nᵒˢ 2 et 3, il est entièrement décharné. On trouve, toutefois, quelques débris de téguments desséchés adhérents aux mastoïdes et, dans la cavité crânienne, fixés par place aux parois, décollés à d'autres, de larges lambeaux de méninges parcheminées. On trouve aussi quelques grelots friables et rougeâtres qui paraissent être de la matière cérébrale décomposée et desséchée. Ce crâne appartenait à un homme vigouroux mort dans la force de l'âge. Sa glabelle est renflée, ses apophyses mastoïdes bien développées. L'inion est très marqué ; la protubérance occipitale externe est unciforme et répond au numéro 5 de Broca. Il y a des traces d'ostéite à la partie sus-iniaque de l'écaille occipitale. La suture sagittale est soudée ; il en est de même de la coronale dans son tiers bregmatique. Il y a deux os wormiens lambdatiques et deux os wormiens astériques, symétriquement disposés.

CRANE N° 2. — Ce petit crâne n'offre à signaler, en dehors des caractères déjà cités, que la situation, à son intérieur, d'une masse de sable fin agglutiné. Ce sable remplit la capsule occipitale et de telle sorte qu'un plan obéli–opisthiaque serait sensiblement parallèle à la surface du gâteau d'alluvions.

Mensurations des quatre crânes de Kôm-Ombo.

PROTOCOLE DE MONACO (Mesures exprimées en m/m)	Crâne N° 1.	Crâne N° 2.	Crâne N° 3.	Crâne N° 4.	Moyennes des crânes 1, 3 et 4.	Moyennes de la série d'Assouan.	Moyennes de la série de Roda.
Longueur maxima du crâne	192	173	187	179	186	184	178
Diamètre A. P. iniaque	184	162	173	174			
— transverse maximum	134	136	133	138	135	132	132
Hauteur basilo-bregmatique	134	123	135	143	137,3	135	132
— auriculo[1]	125	117	119	130			
Diamètre frontal minimum	97	88	95	97	96,3	92	88
— — maximum	112	110	100	109	110	109	106
— bimastoïdien maxim.	126	114	121	126			
— bizygomatique	133	125	135	130			
— naso-basilaire	105	95	103	98	102	101	98
— alvéolo-basilaire	95	90	94	85			
— naso-alvéolaire	70	60	63	69			
Trou occipital longueur	34	32	36	36	35,3	35	35
— — largeur	29	25	29	30	29,3	31	29
Hauteur du nez	52	50	52	50			
Largeur du nez	26	24	27	24			
Largeur inter-orbitaire	24	22	27	21			
Largeur orbitaire	39	37	38	37			
Hauteur orbitaire	36	34	32	35			

PROTOCOLE DE MONACO (Mesures exprimées en m.:m.)	Crâne N° 1.	Crâne N° 2.	Crâne N° 3.	Crâne N° 4.
Largeur du bord alvéol. sup.	»	61	»	58
Long. de la voûte palatine	49	44	»	47
Larg. — —	35	38	»	40
Hauteur orbito–alvéolaire	40	44	48	49
Courbe sagittale du crâne	379	356	358	380
— frontale	120	122	120	127
— pariétale	134	124	127	141
— occipitale	125	110	119	112
— transversale	305	290	290	310
Courbe dite horizont. (ophryo-susoccipitale	520	490	510	510
Indice de longueur-largeur	69,79	78,61	71,12	77,09
— vertical de long.-haut.	69,79	71,09	72,19	79,88
— — de larg.-haut.	100	90,44	101,5	103,62
— frontal	72,38	63,23	71,42	70,28
— du trou occipital	85,29	78,12	80,55	83,33
— facial (naso-alvéol.)	52,63	48	46,66	53,07
— nasal	50	48	52,9	48
— orbitaire	92,3	91,89	84,21	94,59

[1] La mesure a été prise *medio-auriculaire* sur des diagrammes construits avec l'appareillage de Martin-Schlaginhaufen.

CRANE N° 3. — Ce crâne a un aspect grossier et négroïde. La glabelle et les renflements sourciliers sont très proéminents. La partie cérébrale du frontal est peu développée et très aplatie. (L'indice de courbure de la *pars cerebralis* est de 95). Il y a un étranglement en selle post–coronal. L'échancrure nasale est large et basse. Le crâne est fortement dolichocéphale (indice de longueur-largeur, 71,12) et orthocéphale (l'indice de hauteur–longueur est de 72,19) pour un diamètre basilo–bregmatique modéré de 13,5). Enfin, l'indice vertical de hauteur–largeur, qui est de 101,5, accuse un ovale transverse franchement négritique, caractère qui va bien de pair avec un indice nasal platyrrhinien de 52,9. Ce crâne est complètement vide et parfaitement sec.

CRANE N° 4. — Beau crâne mésocéphale d'homme adulte, de conformation régulière et harmonieuse. Le front est ample et bien développé, le nez étroit, l'occipital modérément saillant. Le crâne renferme à son intérieur des grelots de matière cérébrale momifiée. La mandibule est vigoureuse; les dents usées mais saines. La face est ellipsoïdale. En *norma verticalis*, c'est tout à fait le type *beloïdes ægyptiacus* de Sergi.

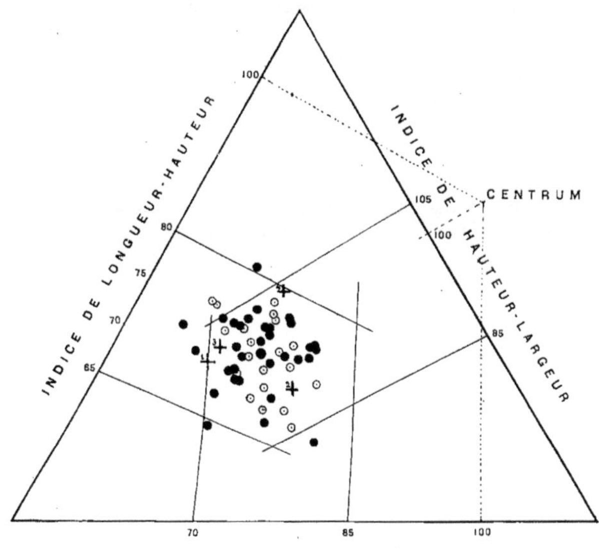

Fig. 182. — RÉPARTITION DES CRANES DE KÔM-OMBO ET DE LA SÉRIE THÉBAINE DE STAHR SUR LE RÉSEAU DE EIJKMAN.
(Les croix représentent les crânes de Kôm-Ombo, les disques noirs (♂) et les disques blancs (♀) les crânes de Thèbes.)

Abstraction faite du crâne n° 2, qui est celui d'un sujet trop jeune pour que les caractères ethniques en soient franchement accusés (il se rapprocherait beaucoup du numéro 4), nous avons comparé les pièces 1, 3 et 4 à des crânes d'origine égyptienne de provenance connue : les huit crânes d'Assouan et les sept crânes de Rôda découverts en 1907-1908 par M. le Dr Lortet et décrits ici-même[1].

[1] Lortet et Gaillard, la Faune momifiée de l'ancienne Egypte et recherches anthropologiques. Troisième série. (*Archives du Muséum d'histoire naturelle de Lyon*, 1907.)

Les crânes 1 et 3 ont entre eux et avec le type général d'Assouan (la série est assez homogène), un air de famille incontestable. Cette similitude au coup d'œil est confirmée par la comparaison des indices céphaliques (moyenne des Coptes d'Assouan 71,74), et mieux encore, comme on peut s'en rendre compte en parcourant le tableau de mesures annexé à cette note, par la similitude des moyennes de mesures absolues. Tous ces crânes ont d'ailleurs une même *norma verticalis* pentagonale ou subpentagonale *(beloïdes* de Sergi), grâce à des bosses pariétales toujours franchement accusées, et ils sont tous également phénozyges.

Le crâne n° 4 s'écarte de cette série par de nombreux caractères crâniométriques et par son aspect général. Il se rapprocherait plutôt des types de Rôda, du crâne n° 5 en particulier (indice céphalique 81,71).

Poursuivant ces rapprochements, toujours intéressants quand il s'agit de pièces isolées, nous avons comparé les 4 crânes de Kôm-Ombo avec une série de 62 crânes thébains des XVIIIe-XXe Dynasties décrits par le Dr Hermann Stahr dans sa récente publication *Die Rassenfrage im antiken Aegypten*. Pour objectiver cette comparaison nous avons situé les crânes de la mission Lortet et le matériel de Stahr sur le réseau de Eijkman. Comme on peut le voir sur la figure 182, les crânes 1 et 3 occupent une position très voisine, et la série globale reste, d'autre part, très homogène malgré sa double origine.

FIGURATIONS ANIMALES

LION (Leo Barbarus et Leo Persicus).
(Fig. 183 et 184.)

Le lion est caractérisé par ses canines très grandes et fortes, l'inférieure privée de talon, la supérieure n'en présentant qu'un minuscule. Il a une petite tuberculeuse en haut seulement et point en bas. Le museau est court, ce qui augmente la force que peuvent développer les maxillaires ; les crêtes occipitales sont énormes, les arcades zygomatiques très écartées à cause de la puissance des muscles releveurs du maxillaire inférieur. Le ginglyme de l'articulation lui donne une force énorme dans la mâchoire inférieure. Les ongles, absolument rétractiles, sont toujours maintenus acérés.

Les anciens Egyptiens, les rois au moins, chassaient souvent ce grand félin, même dans la région des Pyramides, dans la Palestine du sud et en Ethiopie. Il semble qu'il se rencontrait encore fréquemment dans la vallée du Nil à l'époque d'Alexandre. Les Pharaons le dressaient souvent pour servir à la chasse des gazelles et des antilopes et même comme animal de combat dans la guerre[1].

On l'a représenté très souvent en peinture, de même qu'en charmantes figurines exécutées avec beaucoup d'art. Les unes (fig. 183) reproduisent les formes du lion de l'Afrique antérieure, portant sur les épaules une longue et abondante crinière, tandis que d'autres (fig. 184) sont plutôt l'image des formes qui sont fréquentes aujourd'hui dans l'Afrique du sud et du centre, mais surtout en Asie-Mineure, en Mésopotamie et en Perse. Dans cette race, la crinière est toujours peu développée. Sur la pièce figurée ci-contre (fig. 184), l'animal furieux paraît se dresser sur ses pattes, afin de bondir sur une proie ou un ennemi. La statuette en question porte sur la poitrine un cartouche reproduisant le nom de Psammetique 1er[2]. Une bellière fixée dans la région des épaules permettait de le suspendre à un cordon.

Fig. 183.
FIGURINE EN FAÏENCE
REPRÉSENTANT *Leo Barbarus*.
KARNAK.

Les deux figurines représentées ici, ont été trouvées dans les fouilles du village de Karnak, près de Louqsor et à Kôm-Ombo.

Dans la salle de zoologie du musée du Caire, on voit trois sarcophages en bois peint, représentant sur le couvercle des Panthères des Lions. Il est malheureusement impos-

---

[1] Pierret, *Dictionnaire*, p. 302.
[2] *Psammetique* 1er env. 663-669 avant notre ère.

sible de déterminer exactement ce qu'ils pouvaient renfermer, les momies qu'ils contenaient ayant été détruites depuis longtemps.

Aucune indication ne permet de savoir où ont été trouvées ces caisses intéressantes. Ce que l'on sait cependant, c'est que le Lion était consacré à Râ et à Horus.

Fig. 184.
FIGURINE EN FAÏENCE
REPRÉSENTANT LE
Leo Persicus.
KARNAK.

A une certaine époque, le Lion devait être commun en Égypte, comme aussi dans toute l'Afrique antérieure. Cette affirmation est du reste absolument prouvée par la légende qui est gravée sur la stèle placée entre les jambes du grand Sphinx, près des Pyramides, et représentant le roi Thoutmosis IV faisant une offrande au Dieu Harmakis. En bas de la stèle, l'inscription[1] raconte que Thoutmosis, encore prince royal, étant à la chasse au Lion, s'endormit à l'ombre du Sphinx vers l'heure de midi, et eut en rêve la vision du Dieu lui ordonnant de le dégager du sable du désert qui l'envahissait. Aussitôt après son avènement, le Roi se souvint de son rêve et fit déblayer le monument.

Cette chasse au Lion, devait avoir lieu, à peu près, vers l'année 1420 avant notre ère.

Dans l'antiquité, deux villes portaient le nom de *Léontopolis* et dans lesquelles on élevait très probablement des Lions. C'était d'abord *Léontopolis*, aujourd'hui *Tell et Yehoudiyé*, la ville des Juifs, dont nous avons pu explorer les ruines sans résultats. La seconde *Léontopolis* était probablement la ville décrite par Strabon et dans laquelle s'élevait un temple, aujourd'hui presque entièrement détruit, élevé par Orsakon II.

COCHON (Sus scrofa).

(Fig. 185.)

Fig. 185.
FIGURINE COUVERTE
D'UN ÉMAIL BLEU.
KÔM-OMBO.

Le Cochon est caractérisé par ses incisives inférieure couchées horizontalement, par ses canines développées en forme de défenses, se recourbant en haut ; ses molaires tuberculeuses, ses pieds à quatre doigts, dont deux seulement touchent la terre.

Plusieurs Egyptologues affirment que les anciens habitants du pays, ainsi que les musulmans de nos jours, regardaient cet animal comme impur. Nous pensons que c'est une erreur. De nombreuses peintures murales montrent, en effet, des troupeaux entiers de porcs bruns, conduits au pâturage par des bergers[2]. Des figurines en terre cuite, vertes ou bleues, représentent aussi des truies, caractérisées par leurs nombreuses mamelles (fig. 185), ce qui ne permet pas de les confondre avec les Oryctéropes. Ceci prouve évidemment que les anciens Egyptiens avaient créé de véritables races porcines, tirées du sanglier sauvage qui habite encore aujourd'hui dans toute l'Égypte, mais surtout au Fayoum. La race primitive du Cochon égyptien devait certainement provenir du Sanglier qui se domestique

[1] *Baedeker*, p. 131.
[2] Erman, *Ægypten*, p. 589.

aussi facilement que le Porc domestique, rendu à la vie sauvage, reprend le faciès de son ancêtre le Sanglier.

Dans les nombreux débris de cuisine que M. de Morgan nous avait envoyés jadis de Toukh, nous avons pu constater fréquemment des fragments d'os longs et de mâchoires de Porcs [1].

D'autres fragments de *Sus scrofa* nous ont été communiqués par M. Daressy. Ils ont été trouvés dans une tombe au Fayoum.

Nulle part on n'a pu trouver une momie complète de porc ou de sanglier.

Dans une tombe humaine à Kôm-Ombo, nous avons ramassé des dents de *Sus scrofa*, perforées à la racine d'un trou très régulier ayant évidemment servi à les suspendre comme pendeloques de colliers.

LEPUS ÆTHIOPICUS Brehm

(Fig. 186.)

Le joli petit lièvre en ivoire figuré ici (fig. 186) a été trouvé par nous à Kôm-Ombo. L'animal est représenté en pleine course, ses grandes oreilles rabattues sur la région dorsale.

Fig. 186.
Lepus æthiopicus.
FIGURINE EN IVOIRE KÔM-OMBO.

Les lièvres des ravins désertiques de la Haute-Egypte, ou même ceux des environs du Caire, semblent appartenir à des formes peu différentes les unes des autres, quoique cependant très voisines d'après le Dr Innes qui en a fait une étude approfondie. Mais il est tout à fait impossible d'attribuer ce petit bibelot à l'une ou à l'autre espèce, les caractères différentiels étant extrêmement difficiles à vérifier. Aussi, est-ce la raison qui nous fait inscrire cette intéressante figurine sous le nom collectif de *Lepus Æthiopicus* de Brehm.

« Le pelage de cet animal, dit Geoffroy Saint-Hilaire, dans la Description de l'Egypte, *Zoologie*, p. 197, est d'un brun roussâtre, et cette couleur offre quelque différence suivant le lieu où on l'examine. Le dos est d'un gris fauve; les poils sont blanchâtres à leur origine puis bruns et terminés de fauve, en sorte qu'il existe des maculatures de fauve et de brun, selon la manière dont le poil est appliquée sur le dos. Sur le cou, on voit une raie d'un roux vif, qui prend depuis les oreilles et qui cesse passé les épaules. Le dessous du corps est blanchâtre à l'exception de la poitrine qui est teintée de fauve. Le tour des yeux est blanc, et les joues sont grises; la queue est noire en dessus et blanchâtre en dessous. Les oreilles sont plus grandes et surtout plus larges que chez le lièvre d'Europe. L'œil a la pupille ronde, et l'iris est d'un jaune verdâtre. »

Cette espèce atteint à peine la taille d'un de nos Lapins. Elle est très abondante dans les plaines des environs de Louqsor, dans les cultures de Kôm-Ombo, et même dans les wadys déserts et rocheux des environs d'Assouan.

Cette espèce paraît être inintelligente et se cache toujours à une très petite distance, au lieu de fuir, après avoir fait quelques sauts, dans les petits fourrés formés par les plantes

[1] De Morgan, *Origines*, 1897, p. 99.

désortiques. Poursuivi, il continue cette même manœuvre, et va quelques pas plus loin, se blottir dans une autre touffe d'herbes épineuses.

Les auteurs du *Zoology of Egypt* décrivent cinq espèces de lièvres, différenciées par des caractères de minime importance. Ce sont :

> *Lepus   Egyptius* Desmaret.
> —   *Rotschildi* Winton.
> —   *Innesi* Winton.
> —   *Isabellinus* Rüppel.
> —   *Æthiopicus* Ehrenberg, Brehm.

Nous avons rencontré très souvent ces différentes variétés dans les vallées désertiques et sauvages des environs d'Helouan, dans le grand Wady Hof par exemple ainsi que dans le Wady Lortet, baptisé ainsi par Schweinfurth, où le fond de ces vallons est presque toujours tapissé d'une bande de plantes épineuses, Acacias, Astragales, etc., qui servent de nourriture et d'abri à ces petits mammifères qu'on peut faire lever et tirer très facilement sans l'aide de chiens [1].

IVOIRE SCULPTÉ D'ABOU-ZÉDAN (Haute-Egypte).

(Fig. 188.)

Nous avons la bonne fortune de pouvoir décrire brièvement et reproduire un document de grand intérêt, qui vient d'être découvert par M. Henry de Morgan dans une sépulture préhistorique d'Abou–Zédan, un peu au sud d'Edfou.

Il s'agit d'un superbe couteau en silex dont la poignée en ivoire porte sur les deux faces, plus de deux cents figurations d'animaux divers.

En raison de l'importance que présente ce document, au point de vue de la faune de l'ancienne Egypte, M. H. de Morgan a bien voulu nous autoriser à le faire figurer dans le présent ouvrage. Nous extrayons d'un intéressant article que ce savant publie dans la *Revue de l'École d'Anthropologie de Paris*[2], la description de la sépulture dans laquelle cette poignée d'ivoire a été trouvée :

« Abou–Zédan, nécropole archaïque au sud d'Edfou. Sépulture n° 32, type d'El-Amrah. Fosse de 1ᵐ80 de long sur 1ᵐ55 de large, creusée dans le gravier fin. Sans murailles de briques crues. Profondeur 1ᵐ35. Inhumation repliée; le crâne était du côté sud de la tombe. Près des pieds, quatre grands vases en terre rouge grossière des types habituels, déposés trois à droite et un à gauche (fig. 187). »

« Dans le voisinage de la tête, à gauche, j'ai rencontré un plat en terre rouge assez fine

[1] A propos des momies de mammifères décrites dans le 3ᵉ fascicule du présent ouvrage, l'aimable M. Davis, l'heureux fouilleur de la vallée des rois à Thèbes, me fait connaître que toutes les momies des singes qu'il a trouvées, et que nous avons décrites précédemment *(La Faune momifiée de l'ancienne Egypte,* 3ᵉ série, p. 3 à 5, fig. 2 à 6, Lyon 1907) étaient renfermées dans des tombes en forme de puits, c'est-à-dire dans une chambre funéraire de 10 pieds carrés environ, creusée dans le rocher, à l'extrémité d'un puits de 10 pieds de profondeur environ. Dans plusieurs cas, les singes étaient encore complètement enveloppés de leurs bandelettes; dans d'autres cas, celles-ci étaient partiellement détruites; quelquefois elles faisaient entièrement défaut. Toutes ces tombes simiennes se trouvaient dans le voisinage immédiat de quelque tombe royale. (Davis, *in Litt.,* 23 septembre 1908.)

[2] Henry de Morgan, l'Egypte primitive *(Revue de l'École d'anthropologie de Paris,* p. 272; septembre 1909).

et deux urnes de forme allongée, décorées de deux petites anses appliquées sur la panse. De l'autre côté du crâne étaient groupés trois vases des types cylindriques, un vase en serpentine, une palette en schiste, un fragment de bracelet de pierre, trois superbes couteaux en silex et des morceaux d'ivoire. Les terres furent tamisées avec soin et ce n'est que plus tard, en nettoyant et en réunissant ces pièces, que j'ai pu me rendre compte de toute l'importance de la découverte. Pour se conformer sans doute à des usages funéraires, le vase en pierre avait subi l'action du feu; les couteaux en silex avaient été ébréchés ou cassés. Ce sont de

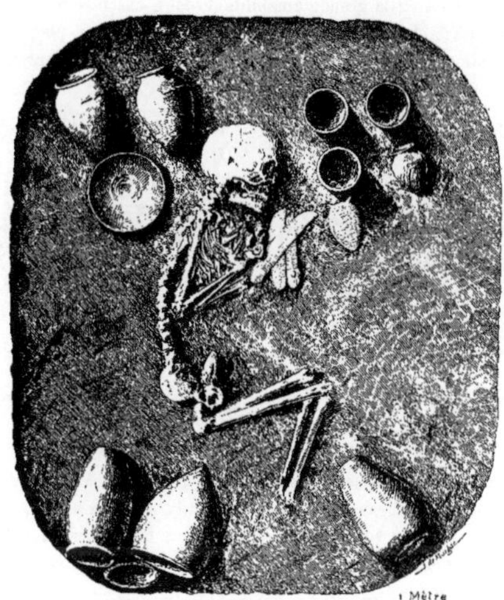

Fig. 157. — Sépulture archaïque de la nécropole d'Abou-Zédan [1].
(D'après un dessin de M. J. de Morgan.)

remarquables échantillons de cet art de tailler la pierre que les autochtones d'Egypte ont poussé à une perfection qui n'a jamais été égalée.

« Les deux plus grands couteaux sont en silex jaunâtre et mesurent 28 et 24 centimètres de long.

Le troisième, celui qui devait être pourvu de la poignée en ivoire, n'a que 17 centimètres de longueur.

« La partie destinée à être maintenue dans la poignée est plus grossièrement traitée, afin de lui donner, par les aspérités de sa surface, plus d'adhérence au manche en ivoire.

[1] H. de Morgan, l'Egypte primitive *(Revue de l'École d'anthropologie*, p. 273, fig. 132, 1909).

Grâce aux fragments recueillis dans les tamisages, au moment des fouilles, cette pièce a pu être reconstituée en entier; nous devons à l'habileté de M. Champion, artiste doublé d'un archéologue, la conservation de ce précieux document, la reproduction qui en est donnée ici (fig. 188) et le moulage qui est au Musée de Saint-Germain. Comme forme, le couteau d'Abou-Zédan est semblable à celui à poignée d'or du Musée du Caire[1], mais il lui est supérieur par sa finesse d'exécution, qui dénote des aptitudes artistiques surprenantes à une époque aussi reculée. »

M. H. de Morgan a eu la grande amabilité de faire exécuter pour nous un moulage de ce document. Ce véritable objet d'art a été taillé dans une plaque d'ivoire, légèrement renflée, de 90 millimètres de longueur et de 55 millimètres dans sa plus grande lar-

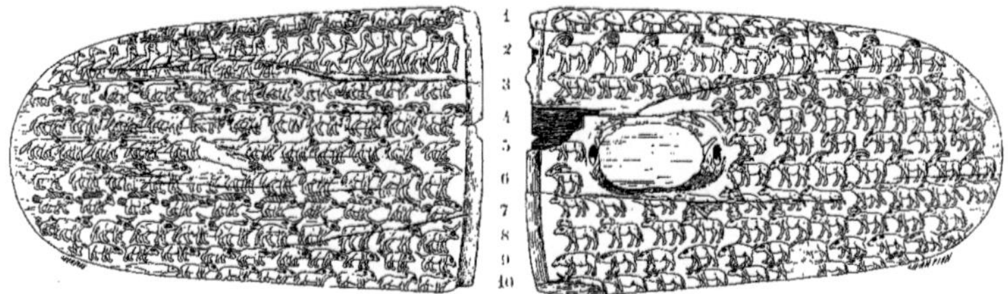

Fig. 188. — Manche en ivoire d'un couteau en silex d'Abou-Zédan (grandeur naturelle).
(D'après M. H. de Morgan.)

geur. Elle porte, sur une de ses faces, une sorte de proéminence elliptique, percée d'un trou de suspension, qui est en saillie de 10 millimètres sur la surface sculptée.

Les figurations animales sont gravées, sur les deux faces, suivant dix rangées parallèles disposées dans le sens de la longueur. Ces figurations sont sculptées en bas-reliefs d'une grande finesse d'exécution.

Voici la liste des animaux que nous croyons reconnaitre sur ce très beau spécimen de l'art prépharaonique :

FACE SUPÉRIEURE :

Rangée 1. — Troupe d'Éléphants.
Rangée 2. — Divers oiseaux (Autruches, Cigognes) avec une Girafe.
Rangée 3. — Chiens à queue pendante, longue et recourbée, suivis d'un chien à queue
       relevée. La queue très longue de ces animaux fait penser d'abord à des Panthères
       ou à des Lions, mais l'ensemble du corps parait trop lourd et les oreilles sont
       trop saillantes pour des félins.
Rangée 4. — Mouflons à manchettes (*Ammotragus tragelaphus*).

[1] J. de Morgan, *Recherches sur les origines de l'Égypte*, II, p. 266, pl. V, 1897.

Rangée 5. — Chacals avec un mouton de l'ancienne Egypte *(Ovis palæoægyptiacus)*.

Rangée 6. — Troupe d'antilopes *(Oryx leucoryx.)*

Rangée 7. — Hyènes striées. La crinière dorsale a été accentuée beaucoup.

Rangée 8. — Troupe de Bœufs *(Bos africanus = Bos taurus macroceros)*, suivie d'un chien de berger ou de garde plutôt. (Peut-être le Loulou égyptien.)

Rangée 9. — Sangliers (?). Avec une étoile à l'extrémité gauche de la rangée.

Rangée 10. — Troupe d'Oryx avec un poisson.

Face inférieure :

Rangée 1. — Oiseaux et Poissons difficilement déterminables. Les oiseaux sont peut-être des Ibis *(Ibis religiosa.)* Comme ces derniers, ils ont le bec long et recourbé vers le bas. Mais on doit reconnaître que, pour des Ibis, l'aspect général est un peu lourd. De plus, chez les oiseaux de l'extrémité droite, au lieu d'un bec, on croirait voir plutôt une trompe.

Rangée 2. — Troupe de Bouquetins.

Rangée 3. — Chiens à queue longue et recourbée, suivis d'un chien à queue relevée.

Rangée 4. — Mouflons à manchettes *(Ammotragus tragelaphus)*, suivis d'un chien de berger ou d'un chien de garde.

Rangée 5. — Troupe d'ânes.

Rangée 6. — Troupe d'antilopes *(Oryx leucoryx)*.

Rangée 7. — Chacals.

Rangée 8. — Bœufs *(Bos primigenius*, sauf l'individu de l'extrémité droite qui ressemble à *Bos africanus)*.

Rangée 9. — Sangliers (?).

Rangée 10. — Bœufs *(Bos africanus = Bos taurus macroceros)*.

Les Bouquetins et les Mouflons à manchettes sont figurés, sur la plaque d'ivoire, avec une queue plus longue que nature. On peut penser que l'artiste ancien a voulu représenter, sur la rangée n° 2 de la face supérieure, des oiseaux de très grande taille, tels que l'Autruche, puisqu'il les a sculptés aussi grands que la Girafe, qui figure au milieu d'eux. Peut-être aussi l'artiste égyptien, en représentant *Bos africanus* et le Mouflon à manchettes suivis d'un chien de garde a-t-il voulu montrer que ces animaux vivaient domestiqués.

Comme on le voit, cette poignée sculptée en bas-reliefs, ressemble, ainsi que le remarque M. H. de Morgan, aux ivoires d'Hiérakonpolis, mais ceux-ci doivent être évidemment moins anciens, puisqu'ils portent des hiéroglyphes.

Le document qui rappelle le mieux la poignée d'Abou-Zédan est l'ivoire de la collection Pitt-River, qui a été décrit et figuré par M. Flinders Petrie, puis par M. J. de Morgan.

« Ce manche en ivoire, écrivait M. Fl. Petrie, appartient à un couteau semblable à celui figuré planche LXXIV, 86. M. Grevile Chester se l'est procuré à Sohag, et il fait maintenant partie de la collection du général Pitt-River. En examinant les restes de l'ancienne sertissure, on a la preuve évidente que le manche est du couteau, bien que le scellage des deux pièces soit moderne. Ce manche ouvre une question intéressante. Sans aucun doute, le couteau appartient à la Nouvelle Race, mais la sculpture de ce manche surpasse de beaucoup tout ce qui a été trouvé parmi les restes laissés par ce peuple ; de plus, il offre le style égyptien habituel aux tombes de l'Ancien Empire[1]. »

Après plusieurs années de recherches, M. Fl. Petrie modifia ainsi sa première opinion :

« Pendant les cinq années qui suivirent la publication de Négadah, des preuves se sont accumulées qui ont établi que les peuples décrits dans cet ouvrage sont prédynastiques et constituent le peuple civilisé le plus ancien du pays, environ 7.000 à 5.000 av. J.-C. »

M. J. de Morgan s'est borné à constater, à propos de la plaque d'ivoire de la collection Pitt-River, « que son usage n'est pas encore bien défini ; sur un de ses côtés, elle est percée d'un trou rectangulaire, et les deux faces sont couvertes de ciselures représentant des animaux divers qui rappellent ceux d'un des cylindres de Négadah autant que ceux des schistes dont nous venons de parler[2] ».

M. Henry de Morgan constate aujourd'hui avec raison que « la découverte d'Abou-Zédan vient apporter la réponse à ces questions. Le couteau et son manche appartiennent à l'époque des inhumations repliées, c'est-à-dire aux âges préhistoriques qui précèdent les dynasties. Nous en avons la preuve dans la nature de cette sépulture trouvée intacte et du mobilier qu'elle renfermait. Bien que très supérieur comme mérite artistique au spécimen de Pitt-River, l'ivoire d'Abou-Zédan est des plus archaïques, puisqu'il provient d'une sépulture du type le plus ancien. L'aspect général de l'ornementation a quelque chose d'asiatique primitif ; il y a de plus un détail sur lequel je désire appeler l'attention : c'est une petite étoile, emblème que l'on observe si souvent parmi les motifs de Suse. N'est-ce pas là un nouvel argument en faveur d'une commune origine des deux peuples[3]. »

Nous croyons intéressant d'attirer aussi l'attention sur l'utilité et la signification de la saillie à section elliptique de l'une des faces de la poignée. Elle est percée d'un trou de suspension vertical, comme les anses du vase en calcaire d'Abydos[4], décrit précédemment dans cet ouvrage. Mais il nous semble que cette saillie ne devait pas servir seulement à la suspension ; son utilité principale consistait à former, en avant, un appui ou un arrêt pour la main, qui aurait pu glisser sur le manche ou sur la lame. Grâce à cette sorte de garde minuscule, il était possible de porter, avec le couteau en silex, de violents coups de pointe.

La poignée proprement dite du couteau en silex d'Abou-Zédan, était ainsi limitée à la faible longueur qui s'étend de la garde à la partie postérieure arrondie du manche. L'homme primitif qui était armé de ce couteau devait donc avoir une très petite main. Cette indication concorde pleinement, croyons-nous, avec celle qui est tirée par M. Henry de Morgan, de l'aspect asiatique de l'ornementation.

M. H. de Morgan nous apprend que les objets découverts dans la sépulture préhistorique d'Abou-Zédan, sont maintenant au musée de Brooklyn ; les doubles et les moulages des pièces principales seront exposés bientôt au musée de Saint-Germain.

[1] Fl. Petrie et J.-R. Quibell, *Naqada and Ballas*, p. 51, pl. LXXVII, 1896.
[2] J. de Morgan, *Origines de l'Egypte*, II, p. 266, fig. 865, 1897.
[3] H. de Morgan, l'Egypte primitive *(Revue de l'Ecole d'anthropologie de Paris*, p. 280, septembre 1909).
[4] *La faune momifiée*, 4e série, p. 199, fig. 140.

XVII

CANIDÉS

Dans le premier fascicule du présent ouvrage, en 1903, nous avons fait connaître sommairement les principaux caractères ostéologiques de divers chiens trouvés momifiés à Thèbes, Abydos et Assiout [1].

Depuis cette époque, le Muséum de Lyon a pu réunir une série importante de dépouilles et squelettes des espèces de Canidés sauvages de l'Egypte actuelle, ainsi qu'une nouvelle collection de momies de Canidés de l'ancienne Egypte.

Les documents qui se rapportent aux chacals et renards de la faune moderne, proviennent des environs du Caire, de Louxor et d'Assouan. Nous les devons en partie à l'obligeance bien connue de notre ami M. le Dr Walter Innès. Ces documents appartiennent aux espèces suivantes : *Vulpes vulpes ægyptiaca* Sonnini; *Canis lupaster* Hemprich et Ehrenberg : *Canis sacer* Hemprich et Ehrenberg et *Canis dœderleini* Hilzheimer.

La collection relative à la faune momifiée se compose : 1° de quelques crânes provenant d'Assiout et acquis par l'un de nous à Rôda ; 2° de vingt momies complètes et de plus de cent crânes recueillis au cours des fouilles effectuées par M. Schiaparelli et M. Hogarth, dans la nécropole d'Assiout, sur la rive gauche du Nil.

Ces animaux, qui appartiennent probablement à la période saïte, ont été trouvés dans de petites fosses cubiques, d'un mètre environ, creusées dans les éboulis de la montagne libyque, à quelque distance de la ville [2]. C'est grâce à l'amabilité de MM. Maspero, Schiaparelli et Hogarth, auxquels nous adressons nos meilleurs remerciments, que ces documents nous ont été expédiés.

Les momies d'Assiout appartiennent en majeure partie, comme celles précédemment décrites, à des chiens de formes très différentes. Dans cette nouvelle série, nous avons reconnu pourtant : une momie complète et un crâne de renard (*V. vulpes ægyptiaca*) ; un crâne de chacal *(Canis lupaster)*, ainsi que le crâne d'une race de chien (Loulou des Égyptiens), qui n'était pas représentée dans la collection étudiée en 1903. Nous signalerons enfin, parmi les

[1] *La Faune momifiée de l'ancienne Egypte*, 1re série, p. 1 à 18, Lyon, 1903.
[2] Les momies de chiens signalées ici en 1903 comme trouvées à Rôda, proviennent également, d'après les indications de M. Daressy, conservateur du Musée du Caire, des petits tombeaux d'Assiout.

vingt momies reçues dernièrement d'Assiout, cinq exemplaires portant des traces nombreuses d'un pelage tout à fait noir ou brun roussâtre foncé. Aux yeux des anciens Égyptiens, ces animaux à robe noire étaient, peut-être, les représentants de la divinité Anubis ou plutôt d'Ap-Ouaitou, divinité analogue à Anubis, mais plus ancienne, qui est toujours, comme on sait, figurée en noir sur les monuments pharaoniques [1].

Ci-après nous décrirons la morphologie générale et le squelette des espèces de renard et de chacals qui vivent de nos jours en Egypte. Nous signalerons les spécimens momifiés se rapportant à quelques-unes de ces espèces sauvages, et nous ferons connaître les particularités de la race de chien qui n'avait pas été rencontrée au nombre des momies étudiées précédemment. Enfin, nous indiquerons les caractères craniologiques de l'un des chiens à robe noire qui ont été trouvés dans les petites fosses de la nécropole d'Assiout.

VULPES VULPES ÆGYPTIACA Sonnini.

(Fig. 189 et 190.)

Canis ægyptiacus, Sonnini, *Nouveau Dictionnaire*, VI, p. 524.
Canis vulpes, Geoffroy et Audoin, *Description de l'Egypte*, t. XXIII, p. 215, 1828.
Canis vulpecula, C. Anubis, C. Sabar, Hemprich et Ehrenberg, *Symb. Phys. Mamm.*, II., 1830.
Canis vulpes ægyptiacus, de Winton, On the species Canidæ found the continent of Africa *(Proceed. Zool. Soc.*, p. 533 f. 6, 1899).
Vulpes vulpes ægyptiaca, Anderson et Winton, *Zoology of Egypt. Mammalia*, p. 227, pl. XXXII, 1902 ; Trouessart, *Catalogus mammalium tam vivent.*, 5ᵉ suppl., p. 235, 1904.

Le renard fauve de l'Egypte est représenté dans la collection du Muséum de Lyon par les pièces suivantes : cinq peaux, cinq squelettes et six crânes d'individus mâles ou femelles, de la faune actuelle des environs du Caire, de Louxor et d'Assouan. Un crâne et un spécimen momifiés d'Assiout (Haute-Egypte).

Le groupe des renards ou *alopécoïdes* se distingue facilement d'après Huxley du groupe des *thoöïdes*, qui comprend les chiens proprement dits, les chacals et les loups. Chez les loups, les chacals et les chiens, le front fait avec le museau un angle plus ou moins grand ; l'apophyse postorbitaire est convexe en dessus ; la pupille contractée est ronde. Chez les renards, la ligne supérieure du museau se continue à peu près dans un même plan avec celle du front ; l'apophyse postorbitaire est légèrement concave en haut ; la pupille est elliptique.

La robe de *Vulpes ægyptiaca* présente des variations de couleurs assez grandes. Chez un individu mâle adulte (n° 107) du Caire, la teinte générale est jaune fauve avec du gris à la face inférieure du cou, sur les flancs, le ventre et une partie de la queue. Sur le dos, une large bande rousse se prolonge depuis la base de la queue jusqu'à la nuque. Les longs poils du dos sont roux à l'extrémité, blanc jaunâtre au-dessous ; les poils des flancs sont noirs à la pointe ainsi qu'à la base avec un anneau blanc dans la partie médiane. Les membres et les extrémités sont d'un jaune un peu plus foncé que le dos, la face interne est beaucoup plus claire. Les membres antérieurs portent, en avant, une bande noire qui prend naissance environ à mi-hauteur

---

[1] V. Loret. Préface à la *Faune momifiée de l'ancienne Égypte*, p. V, Lyon, 1903.

de l'avant-bras et se continue jusqu'à la base des doigts, en s'élargissant peu à peu. Une petite tache noirâtre se voit également sur les membres postérieurs, en avant et au niveau de l'articulation métatarso-phalangienne. La queue très touffue, de couleur gris sombre, se termine par une houppe de poils blancs. La face inférieure du corps, la poitrine et le ventre sont de couleur gris cendré ; c'est cette teinte grise plus ou moins foncée qui a valu à ce renard le nom de *Vulpes melanogaster*[1]. Le menton et le cou sont également gris cendré ; une petite tache blanche se voit à la base du cou, immédiatement au-dessus du sternum. Les lèvres supérieures sont bordées d'une bande blanchâtre qui se prolonge jusque sur les joues. Le front et le dessus du nez sont d'une couleur jaune pâle qui limite, de chaque côté du museau, une tache roux foncé allant de l'œil jusqu'à une faible distance des narines. Extérieurement les oreilles sont jaune pâle à la base, noires au sommet ; à l'intérieur elles sont bordées de poils blanchâtres.

Longueur du corps et de la tête, de l'extrémité du museau à la base de la queue, 63 centimètres ; longueur de la queue, 37 centimètres.

Chez une femelle adulte (n° 103), des environs du Caire également, le pelage est, dans son ensemble, un peu plus clair que celui de l'individu mâle qui vient d'être décrit. Le dos et les flancs sont d'un jaune pâle assez uniforme. La queue se termine par une petite tache blanchâtre beaucoup moins distincte que chez le spécimen n° 107. Le ventre est jaune, le cou gris avec une longue bande blanche, large dans la région sternale et terminée en pointe vers la gorge. La tête et les membres présentent les mêmes caractères que chez le mâle. Longueur totale de la tête et du corps 65 centimètres ; longueur de la queue, 36 centimètres.

Les variations entre les divers spécimens de renards fauves examinés à Lyon, portent principalement sur la coloration des flancs, du ventre et de la queue. La touffe blanche de l'extrémité de la queue, peu marquée sur la peau n° 103, est à peine visible ou manque totalement chez d'autres individus. La couleur du ventre, des flancs et de la queue varie du jaune au gris plus ou moins jaunâtre. Mais le front, les oreilles, le museau des renards égyptiens conservés à Lyon, présentent toujours, sauf une exception (n° 106), la coloration indiquée pour les individus n°s 103 et 107.

Le spécimen n° 106 est une femelle du Caire. Sa couleur générale au lieu d'être fauve est très nettement gris noirâtre, par suite de l'abondance sur la tête, le cou, la queue et la totalité du corps, des longs poils noirs annelés de blanc, que nous avons trouvés plus ou moins localisés, chez les autres renards du Caire, de Louxor ou d'Assouan. Sur le numéro 106, on n'aperçoit qu'une très légère teinte roussâtre, dans l'axe du dos, sur la nuque, le front et les épaules. La queue est terminée par une forte touffe de poils blancs. Enfin, la tache roux foncé, qui existe en avant de l'œil chez tous les autres individus, est absolument noire chez la femelle n° 106.

Il ne s'agit point pourtant d'un renard représentant une espèce distincte, car le crâne de cet individu offre, comme on le verra plus loin, les mêmes caractères morphologiques et les mêmes dimensions que celui des autres exemplaires. Dans l'espèce égyptienne, cette variété gris noirâtre correspond probablement à la variété de l'espèce européenne qui est connue sous le nom de « renard charbonnier ».

[1] De Winton, *Proceed. **Zool. Soc.** p. 544, 1890.

Le squelette de *Vulpes ægyptiaca* ressemble beaucoup à celui de *Vulpes vulgaris*, ainsi que le montre le tableau suivant, dans lequel nous avons réuni les mensurations relevées sur cinq squelettes modernes du renard fauve de l'Égypte et sur un renard commun des environs de Lyon. Nous rappellerons que la longueur du corps a été prise de la première apophyse épineuse dorsale à l'extrémité postérieure des ischions.

	Vulpes ægyptiaca					*Vulpes vulgaris*
	Louxor 111 ♀	Assouan 112 ♀	Assouan 113 ♂	Assouan 114 ♀	Assouan 117 ♀	France 76
Longueur du corps.	380	360	350	340	360	395
— de l'omoplate	75	75	68	69	72	82
— de l'humérus	112	108	103	101	113	119
— du radius	110	106	98	98	106	113
— du 3ᵉ métacarpien.	43	42	40	38	43	47
— du bassin	90	87	77	78	84	92
— du fémur	120	120	111	111	123	129
— du tibia.	134	128	119	119	131	137
— du 3ᵉ métatarsien.	60	57	57	53	59	62

Comme on le voit, les longueurs des divers rayons osseux des membres sont, respectivement, un peu plus faibles chez *Vulpes ægyptiaca* que chez *Vulpes vulgaris*, mais les rayons présentent entre eux à peu près les mêmes proportions relatives.

Il est intéressant toutefois de constater que ces proportions sont bien différentes de celles que nous avons trouvées précédemment chez les chiens de l'ancienne Égypte[1]. Chez le renard, l'humérus est toujours plus grand que le radius alors qu'on remarque une proportion constamment inverse, chez le « Chien égyptien » de même que chez le « Lévrier de l'ancienne Égypte ».

Au membre postérieur, la différence entre les renards et les chiens est encore plus accusée. Chez les renards le tibia est notablement plus long que le fémur, tandis que chez tous les chiens momifiés le fémur est au contraire plus long que le tibia. Chez les lévriers proprement dits, les dimensions relatives du fémur et du tibia correspondent à celles qu'on vient d'indiquer pour les renards. Ces observations indiquent que les renards et les lévriers sont des animaux également bien doués pour la locomotion.

Chez les renards égyptiens, nous avons trouvé la formule vertébrale suivante : vingt thoraciques et trois sacrées, pour quatre spécimens. Le squelette n° 111 de Louxor fait exception avec vingt thoraciques et deux vertèbres sacrées seulement. Sur la face supérieure de ce sacrum anormal, on voit deux épines sacrées avec un seul trou sus-sacré. Cette anomalie est très rare, on note plus fréquemment quatre vertèbres au sacrum, c'est-à-dire une vertèbre surnuméraire[2].

Quelques variations numériques des vertèbres se remarquent encore entre les régions lombaires et dorsales. Il y a tantôt treize dorsales et sept lombaires, tantôt huit lombaires et douze dorsales. Les apophyses épineuses des troisième et quatrième vertèbres lombaires sont toujours longues et fortes chez *Vulpes ægyptiaca*.

Le crâne est d'un type assez uniforme qui correspond parfaitement à celui figuré par

[1] *La Faune momifiée*, 1ʳᵉ série, p. 12, Lyon, 1903.
[2] Arloing et Lesbre, *Traité d'anatomie comparée des animaux domestiques*, t. 1, p. 77, 1903.

de Winton dans les comptes rendus de la Société zoologique de Londres[1]. Les mensurations suivantes, relevées sur les têtes osseuses de huit renards fauves de l'Égypte et de deux renards vulgaires de France, établissent que les variations individuelles sont assez étendues dans l'une et l'autre espèce.

	Vulpes ægyptiaca								Vulpes vulgaris	
	Caire 103 ♀	Caire 105 ♀	Caire 106 ♀	Caire 107 ♂	Caire 110 ♀	Caire 120 ♂	Caire 121 ♂	Momie Assiout 130	France 75 ♂	France 76
Longueur totale de la tête osseuse	137	136	143	142	133	137	137	140	146	148
— basilaire de la tête	124	123	131	129	123	124	127	127	131	133
— basilaire du crâne.	35	34	38	36	35	36	37	36	38	39
— basilaire de la face	89	90	93	93	88	88	90	91	93	94
— max. des os du nez	49	50	50	53	49	46	50	49	53	59
Largeur max. des os du nez.	11	11	12	12	11	12	12	12	11	12
Longueur de la voûte palatine	64	66	71	69	65	64	68	70	70	71
Largeur de la voûte palatine entre M 1 et P 4	31	31	31	31	30	31	31	31	32	32
Diamètre bi-temporal	44	44	45	44	43	45	45	41	47	47
— bi-auriculaire	42	42	41	42	42	42	43	40	47	43
— bi-orbitaire sur les apophyses post-orbit.	33	32	34	33	34	34	35	36	33	42
— bi-zygomatique maxim	72	72	74	77	70	75	72	73	78	77
— interorbitaire minimum	25	26	26	26	25	26	26	28	24	32
Longueur du crâne	76	76	80	77	75	79	76	79	84	80
— de la face	61	62	62	65	62	60	64	61	67	74
Hauteur du crâne	38	37	37	39	37	38	39	37	42	39
Longueur totale des molaires supérieures	53	53	54	52	51	52	52	54	53	55
— des deux tuberculeuses supérieures	15	15	15	15	14	15	14	15	15	15
— de la carnassière supérieure	13	13	13	13	12	13	12	13	14	13,5
Largeur de la carnassière supérieure	5,5	5,5	6	6	6	6	5,5	6	6	6
Angle orbitaire	38°	37°	38°	36°	40°	36°	38°	39°	35°	39°

Le crâne de *Vulpes ægyptiaca* diffère de celui de *Vulpes vulgaris* par la saillie excessi-

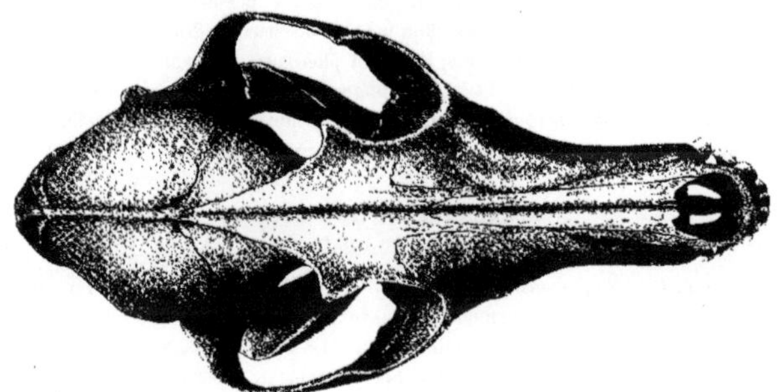

Fig. 189. — *Vulpes ægyptiaca*. Environs du Caire (Crâne n° 106.)
(Grandeur naturelle.)

vement faible, et parfois nulle, de son front. Les crêtes frontales et pariétales sont réunies en arrière, chez le mâle notamment, en une crête saggitale peu élevée qui se prolonge jusqu'à la pro-

[1] De Winton, On species of Canidæ found on the continent of Africa (*Proceed. Zool. Soc.*, p. 543, fig. 6, London, 1899.)

tubérance occipitale. Le front, de largeur assez variable, est déprimé dans sa ligne médiane ; les apophyses postorbitaires sont pointues et longues. Les os du nez prennent naissance au niveau de l'extrémité postérieure de l'os maxillaire, sauf pourtant chez le numéro 106 (fig. 189) où ils ne dépassent que très légèrement en arrière une ligne passant par le bord antérieur des orbites.

En ce qui concerne la dentition, le renard de l'Egypte se distingue du renard européen surtout par ses carnassières peu développées (fig. 190) comparativement aux tuberculeuses.

La comparaison des mensurations relatives aux crânes de *Vulpes vulgaris* avec celles se

Fig. 190. — *Vulpes ægyptiaca*. Environs du Caire. (Crâne n° 106.)
(Grandeur naturelle.)

rapportant à *Vulpes ægyptiaca*, montre quelles graves erreurs on peut commettre lorsque, à défaut d'une quantité suffisante de documents, on cherche à différencier ostéologiquement deux espèces, par l'examen de la tête osseuse d'un individu de chacune. Nous voyons, en effet, que l'individu, n° 76 de l'espèce européenne, a le front plus large, le diamètre interorbitaire plus grand que les divers spécimens de *Vulpes ægyptiaca*, tandis que le numéro 75 qui appartient cependant à *Vulpes vulgaris* comme le numéro 76, présente au contraire un diamètre interorbitaire minimum plus petit que celui de tous les renards égyptiens.

RENARDS MOMIFIÉS D'ASSIOUT
(Fig. 191 à 193.)

Parmi les Canidés provenant de la nécropole d'Assiout les renards sont représentés par des restes de deux individus : une momie complète avec la tête d'un autre spécimen.

La momie a été préparée assez soigneusement. Le corps est disposé à peu près comme celui des chiens momifiés que nous avons vus précédemment. Cependant les pattes antérieures ne sont pas serrées contre la poitrine et le ventre ; elles ont été placées de manière à rappeler plutôt l'attitude d'un animal reposant sur ses ischions (fig. 191).

Cette momie, haute de 43 centimètres, a été enveloppée d'abord d'une toile épaisse et large, colorée en brun par le natron résineux. Cette première enveloppe était ensuite recouverte d'une étoffe complètement noire, en partie détruite maintenant, mais dont on voit encore des traces en plusieurs points, notamment au sommet du cou et en arrière des épaules. Enfin l'ensemble était serré par d'étroites bandelettes noires.

Après avoir examiné attentivement les parties qui ne sont plus protégées de leurs linges,
la tête surtout ainsi que l'un des membres postérieurs, nous avons reconnu, d'après les touffes

Fig. 191. — Momie de renard. Assiout.
(Hauteur 43 centimètres.)

de poils adhérant encore à la peau, que l'animal momifié se rapporte à *Vulpes ægyptiaca*.
Ses dimensions correspondent d'ailleurs parfaitement à celles qui ont été indiquées plus haut
pour les individus de même espèce de la faune actuelle. Cette momie de renard est conservée

dans l'état où elle nous est parvenue, c'est-à-dire telle qu'elle est représentée fig. 191, à cause de l'intérêt que peut offrir son enveloppe.

La tête de renard qui a été trouvée dans la série momifiée d'Assiout est reproduite fig. 192-193. Comme on le voit, elle est tout à fait semblable à celle de la femelle, n° 106, des

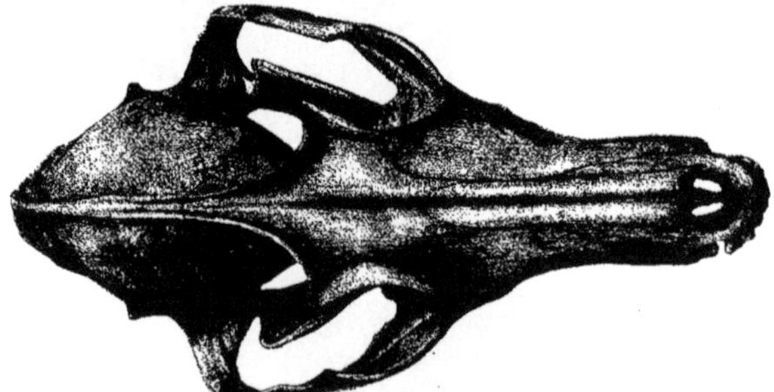

Fig. 192. — *Vulpes ægyptiaca.* Assiout. (Crâne momifié n° 130.)
(Grandeur naturelle.)

environs du Caire. La courbure de la capsule céphalique, le grand développement transversal et antéro-postérieur de l'arcade zygomatique, les proportions relatives du front et de la région

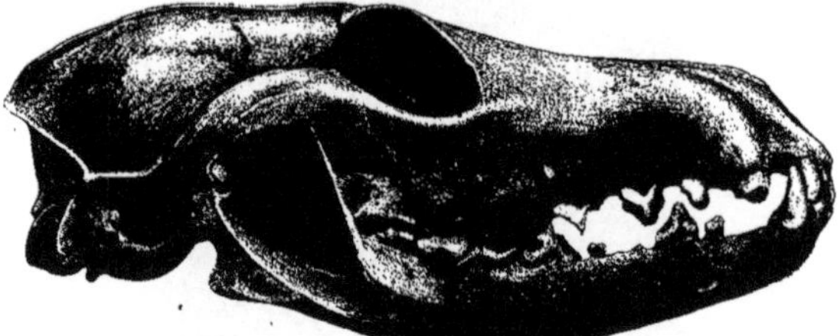

Fig. 193. — *Vulpes ægyptiaca.* Assiout. (Crâne momifié n° 130.)
(Grandeur naturelle.)

faciale, tout est conforme à ce que nous avons vu chez les individus de la faune actuelle. Les restes de renards d'Assiout appartiennent donc, sans le moindre doute, à l'espèce *Vulpes ægyptiaca.*

Le nom vulgaire actuel du renard en Égypte est, d'après Hartmann[1], *Abou'l-hosên* ou *ta'leb.*

---

[1] R. Hartmann, *Naturgeschichtlich-medicinische Skizze der Nilländer*, p. 188, Berlin, 1865.

Wilkinson cite le renard au nombre des animaux sacrés de l'ancienne Égypte [1], mais il ne le signale pas parmi ceux qui ont été trouvés momifiés.

Le renard fauve de la vallée du Nil était parfaitement connu des Pharaons de l'ancien Empire. Nous le voyons très bien figuré en couleurs, dans la tombe de Nefermat [2], de la nécropole de Méidoum, qui remonte à la fin de la IIIe dynastie, ou au commencement de la IVe. Sur le même panneau sont représentés trois renards, au dos roux, aux flancs noirs, chassés par le lévrier à queue enroulée, que les anciens Égyptiens connaissaient, d'après les inscriptions hiéroglyphiques, sous le nom de « *Tesem* ».

Le nom égyptien du Renard n'a pas jusqu'ici attiré beaucoup l'attention des spécialistes, aussi sommes-nous heureux de publier, à ce sujet, la notice philologique suivante, qui est due à M. Victor Loret, le savant égyptologue de l'Université de Lyon :

« Le nom copte du Renard, nom dérivé de l'ancien égyptien, est le mot féminin ⲃⲁϣⲁⲣ, ⲃⲁϣⲟⲣ, ⲃⲁϣⲟⲩⲣ, (le ϣ est la lettre *sch*). On connaît aussi comme nom du Renard, d'après la *Scala* (lexique) copte-arabe de Schams-ar-riâsah, le mot ⲃⲁⲣⲥⲁⲣⲓⲁⲥ, qui doit très certainement être corrigé en ⲃⲁⲥⲥⲁⲣⲓⲁⲥ. En effet, il se trouve que le grec βασσαρίς, βασσάρη, βασσάριον est cité dans les auteurs tantôt comme nom thrace, tantôt comme nom lydien, tantôt même comme nom libyen du Renard (cf. sur ces mots S. Reinach, *Cultes, mythes et religions*, t. II, p. 106-111).

« Il est difficile de s'expliquer pourquoi un même nom a été donné au Renard dans des pays aussi éloignés les uns des autres. Il y a eu évidemment emprunt. Mais de quel pays le mot est-il originaire ? Peut-être des recherches zoologiques sur l'habitat du Renard pourront-elles aider à éclaircir cette question de linguistique.

« Quoi qu'il en soit, c'est sous une forme *baschar* ou *basar* (peut-être même *ouaschar* ou *ouasar*, à cause de l'échange fréquent en copte du *b* avec le *ou*) que nous avons chance de retrouver le nom égyptien du Renard. Or, le *Papyrus des signes* (p. XVIII, l. 3) nous enseigne que le sceptre ⸗ est un bâton surmonté de la tête de l'animal ⸗ *ouasar-it* (*it* est la désinence féminine). Les représentations détaillées du signe ⸗ nous montrent que la tête qui surmonte le sceptre ⸗ est incontestablement la tête d'un Canidé.

« Il n'y a donc aucun doute à avoir sur le sens du mot *ouasar-it* ; c'est bien là le nom égyptien du Renard. Je dois dire, d'ailleurs, que l'exemple que je viens de citer de ce nom est le seul que l'on ait jamais rencontré dans les textes égyptiens. »

CANIS LUPASTER TYPICUS Hilzheimer.
(Fig. 194 et 195.)

Canis lupaster, Hemprich et Ehrenberg, part. *Symbolæ physicæ seu icones et descriptiones corp. nat.*, etc , Berlin, 1828.
Canis lupaster typicus, Hilzheimer, *Beitray zur Kenntniss der nordafrikanischen Schakale*, p. 45, taf. IV et V, fig. 12, Stuttgart, 1908.

Ce chacal est représenté dans la collection du muséum de Lyon, par les dépouilles de deux individus (♂ n° 108 et ♀ n° 109) des environs du Caire, ainsi que par le crâne et les rayons osseux des membres de l'un d'eux.

[1] Wilkinson, *The manners and customs of the ancient Egyptians*, vol. III, p. 258.
[2] Flinders Petrie, *Medum*, pl. XVII, London, 1892.

Un autre crâne (n° 100), de la série de Canidés momifiés d'Assiout, se rapporte à la même espèce.

La peau du spécimen n° 108 est de couleur générale gris jaunâtre. Les côtés du cou, de la poitrine et du ventre sont parsemés de longs poils roux foncé annelés de blanc. Sur le dos, les poils roux et blancs sont plus longs que sur les flancs, ils forment une sorte de crinière qui apparaît blanche ou rousse, par place, selon que les longs poils se terminent par la tache rousse ou par la tache blanche. La queue, courte et touffue, est de couleur jaune grisâtre, avec de longs poils roux foncé à la face inférieure et à l'extrémité. Une petite tache rousse se voit sur la face supérieure de la queue, un peu au-dessous de la base. Les membres ainsi que le dessous du ventre et de la poitrine sont de couleur isabelle ou jaune clair un peu grisâtre. Les extrémités antérieures portent en avant, au-dessus de l'articulation de la main et de l'avant-bras, une légère tache brune. La tête est dans son ensemble de couleur gris foncé, surtout sur le front et les joues; le nez est jaune fauve grisâtre; les lèvres supérieures et la gorge sont d'un blanc sale; le menton est gris foncé. Extérieurement les oreilles ont une couleur jaune clair à la base, brune au sommet; à l'intérieur, elles sont bordées de poils jaune grisâtre clair.

Longueur du corps et de la tête, de l'extrémité du museau à la base de la queue, 78 centimètres; longueur de la queue, 25 centimètres.

La tête et la queue de la femelle n° 109 offrent les mêmes colorations que chez le mâle n° 108, mais le corps est d'un gris un peu plus foncé, par suite de la rareté des poils brun roux et de l'abondance des poils noirs annelés de blanc jaunâtre. De plus, la crinière très apparente chez le mâle décrit plus haut, fait à peu près complètement défaut chez la femelle n° 109. Longueur du corps et de la tête, 75 centimètres; longueur de la queue 23 centimètres.

La peau n° 108 est tout à fait semblable à celle, rapportée du Fayoum par Ehrenberg, qui a servi de type à l'espèce. Celle-ci, conservée sous le numéro 834 au muséum de Berlin, a été l'objet d'une description très détaillée de Hilzheimer[1]. Suivant ce naturaliste, elle présente « une espèce de crinière composée de poils rouge brun, ayant un anneau blanc brillant. Sur la queue se trouve, un peu au-dessous de la base, une tache brun rouge foncé ».

Sachant que les poils noirs exposés longtemps à la lumière, pâlissent peu à peu et deviennent brun foncé, Hilzheimer s'est demandé, la peau recueillie par Ehrenberg étant très vieille, si la tache brun roux foncé qui se voit sur la queue n'était pas noire à l'origine. On doit répondre négativement à cette question, puisque les peaux qui proviennent d'animaux tués il y a deux ans à peine, présentent la même coloration qui se remarque sur le spécimen de Berlin.

Le squelette de *Canis lupaster typicus* ne nous est connu que par les principaux rayons osseux des membres de l'individu n° 108. Les dimensions de ces ossements, indiquées ci-après comparativement avec celles relevées sur les squelettes de deux autres chacals de l'Egypte, montrent qu'il s'agit d'un Canidé de petite taille, assez voisin sous ce rapport du chien paria de la vallée du Nil.

---

[1] Hilzheimer, *Beitrag zur Kenntniss der nordafrikanischen Schakale, nebst Bemerkungen über deren Verhältniss zu den Haushunden* (in *Zoologica*, Heft 53, p. 47, Stuttgart, 1908).

	Canis lupaster typicus	*Canis sacer*	*Canis dœderleini*
	Le Caire 108 ♂	Louxor 116 ♂	Assouan 115 ♂
Longueur du corps	»	480	530
— de l'omoplate	»	117	126
— de l'humérus	130	150	159
— du radius	139	158	169
— du troisième métacarpien	54	64	70
— du bassin	»	129	136
— du fémur	148	171	177
— du tibia	148	170	184
— du troisième métatarsien	63	72	79

Si l'on compare ces mensurations à celles qui ont été observées sur les squelettes des divers chiens momifiés étudiés précédemment[1], nous constatons que les rapports de l'humérus avec le radius, du fémur avec le tibia, se rapprochent assez de ceux qui existent chez le chien errant de l'Egypte. Pourtant, chez *Canis lupaster*, la longueur plus élevée du tibia et des métatarsiens, relativement à celle du fémur, autorise à penser que ce petit chacal est, pour la course, mieux organisé que le chien paria.

Le crâne n° 108 est peu volumineux comme l'indique le tableau suivant, dans lequel sont mentionnées, en outre, les mensurations relevées sur le crâne d'un individu momifié de même espèce, mais de taille normale, et sur les crânes des deux grandes espèces de chacals de la vallée du Nil : *Canis sacer* Hemp. et Ehrenb., et *Canis dœderleini* Hilzheimer.

	Canis lupaster typicus		*Canis sacer*		*Canis dœderleini*
	Le Caire 108 ♂	Assiout 100 momifié	Le Caire 104 ♂	Louxor 116 ♂	Assouan 115 ♂
Longueur totale de la tête osseuse	161	168	180	194	208
— basilaire de la tête	137	149	166	168	180
— basilaire du crâne	38	43	47	47	49
— basilaire de la face	90	106	119	121	131
— maximum des os du nez	57	63	69	72	76
Largeur maximum des os du nez	14	15	16	16	17
Longueur de la voûte palatine	73	78	86	87	94
Largeur de la voûte palatine entre M_1 et P_4	47	48	»	»	55
Diamètre bi-temporal	50	55	56	54	58
— bi-auriculaire	50	50	56	56	63
— bi-orbitaire sur les apophyses orbitaires postérieures	37	42	»	51	53
— bi-zygomatique maximum	88	90	98	102	108
— interorbitaire minimum	28	30	32	35	34
Longueur du crâne	88	86	99	100	106
— de la face	77	85	89	93	97
Hauteur du crâne	45	49	57	55	59
Longueur totale des molaires supérieures	60	63	69	67	73
— des deux tuberculeuses supérieures	19	20	20	22	21
— de la carnassière supérieure	17,5	17,5	19	20	20
Largeur de la carnassière supérieure	9	9	10	10	11
Angle orbitaire	43°	43°	43°	45°	46°
Angle frontal	157°	160°	159°	155°	155°

[1] *La Faune momifiée*, 1re série, p. 8 et 12, 1903.

Les faibles dimensions du crâne n° 108 nous avaient conduits d'abord à le rapprocher d'une petite espèce de chacal qui vit plus au sud, en Nubie et en Abyssinie. Mais un examen

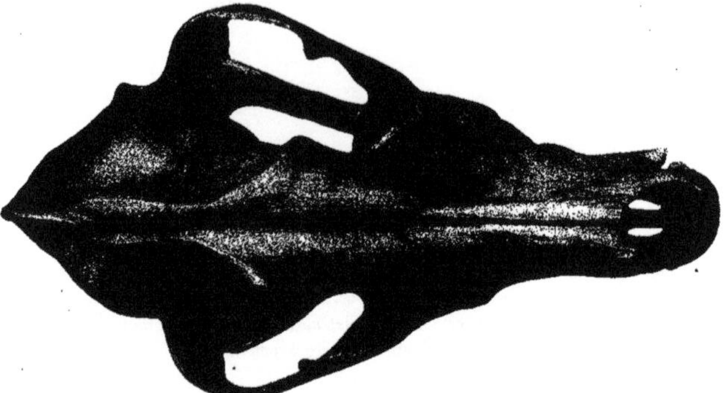

Fig. 194. — *Canis lupaster typicus* Hilzheimer. Environs du Caire. (Crâne n° 108 ♂.)
(Grandeur naturelle.)

détaillé nous a ralliés complètement à l'opinion de M. Hilzheimer qui voit dans ce spécimen un document représentant *Canis lupaster typicus*.

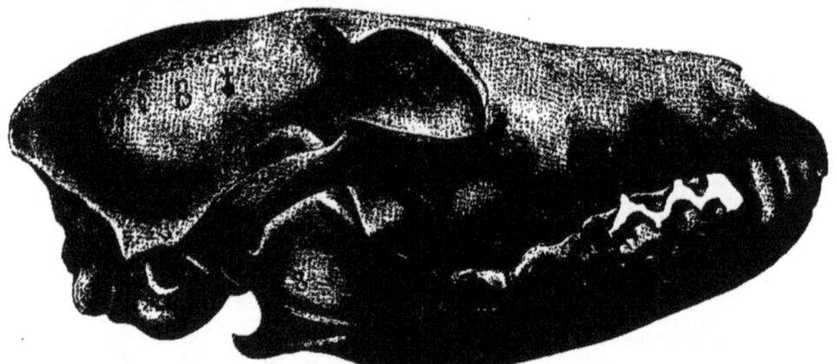

Fig. 195. — *Canis lupaster typicus* Hilzheimer. Environs du Caire. (Crâne n° 108 ♂.)
(Grandeur naturelle.)

Ce crâne offre, en effet, tous les caractères ostéologiques de *Canis lupaster*, en particulier la faible saillie du front, ainsi que la grande hauteur et l'étroitesse du museau. La crête sagittale, très peu saillante, montre qu'il s'agit d'un jeune individu, alors que l'usure très grande de toutes les dents semble fournir une indication opposée (fig. 194 et 195).

Nous croyons, avec M. Hilzheimer, que cet animal a dû être capturé jeune et vivre quelque temps dans une cage, contre les barreaux de laquelle il aura usé ses dents. C'est probablement aussi à l'existence en captivité qu'il doit de n'avoir pas atteint sa taille normale.

Aux observations craniologiques relevées jusqu'à présent sur les crânes des canidés, nous avons cru devoir ajouter, dans le tableau qui précède, *l'angle frontal*, c'est-à-dire l'angle formé par deux plans tangents, l'un à la partie postérieure du front, l'autre à la partie antérieure. La saillie du front, à peu près nulle chez les alopécoïdes, est plus ou moins grande chez les thooïdes. L'angle frontal, qui est inversement proportionnel à la saillie du front, doit donc permettre de mesurer approximativement le degré de parenté des différents canidés, soit avec les chiens proprement dits, soit avec les chacals, soit avec les renards.

Puisque les chacals ont un front peu proéminent, ils doivent avoir, par contre, un angle frontal très élevé. Cet angle est, en effet, de 157 et 160 degrés chez *Canis lupaster typicus*, alors qu'il est de 140 à 145 degrés chez certains chiens de la vallée du Nil.

CRANE MOMIFIÉ DE CANIS LUPASTER
(Fig. 196 et 197.)

La tête momifiée n° 100 que nous attribuons à *Canis lupaster*, correspond parfaitement au crâne n° 834, du Muséum de Berlin, qui vient d'être décrit et figuré par Hilzheimer[1].

Ainsi que ce dernier, le crâne d'Assiout est étroit et long (fig. 196 et 197). Sous ce rapport, il ressemble assez au crâne de lévrier, notamment par son museau étroit et haut, de même que par son front de faible largeur. La longueur basilaire est de 149 millimètres, avec une largeur palatine maximum de 48 millimètres. La dentition est un peu moins développée que chez le crâne n° 834 du Muséum de Berlin. La carnassière supérieure de ce dernier mesure, d'après Hilzheimer, 19 millimètres de longueur, tandis qu'elle atteint seulement 17,5 dans le crâne momifié d'Assiout. Pourtant les principaux caractères ostéologiques sont semblables dans les deux spécimens. Vue de derrière, la capsule céphalique forme une courbe voisine d'une demi-circonférence; les deux faces latérales du crâne sont absolument parallèles.

En résumé, la forme générale de cette tête osseuse, au front étroit, aux bulles tympaniques volumineuses, autorise à penser qu'elle provient d'un représentant de *Canis lupaster*.

C'est d'ailleurs l'avis de M. le professeur Lorenz, de Vienne, ainsi que de M. le professeur Hilzheimer, de Stuttgart, qui ont examiné ce document. Pourtant la carnassière supérieure de trois crânes de *Canis lupaster typicus* décrits par Hilzheimer, atteint 19 et 19 millim. 5 de longueur, alors qu'elle mesure seulement 17 millim. 5 dans le crâne n° 100, qui est cependant aussi volumineux que les trois autres. Cette constatation fait supposer que le crâne n° 100, provient peut-être d'un chacal capturé très jeune et qui a subi l'influence de la domestication.

Suivant Anderson et de Winton[2], l'aire géographique de ce petit chacal, ne s'étend pas actuellement, dans la Vallée du Nil, au delà de la première cataracte. Les documents étudiés

---

[1] Hilzheimer, *Beitrag zur Kenntniss der nordafrikanischen Schakale*, p. 45, Taf. IV et V, Stuttgart, 1908.
[2] Anderson and de Winton, *Zoology of Egypt. Mammalia*, p. 214, 1902.

par Hilzheimer[1] et par nous-mêmes, proviennent du Fayoum, des environs du Caire et de la Haute-Egypte.

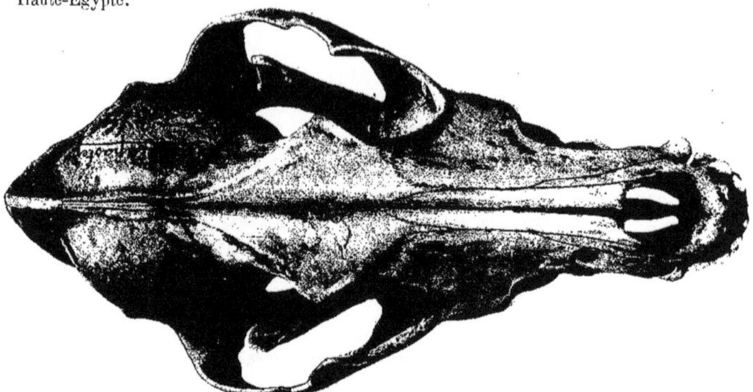

Fig. 196. — *Canis lupaster*. Assiout. (Crâne momifié n° 100.)
(Grandeur naturelle.)

Le nom arabe de *Canis lupaster* est *Deib* ou *Dib,* d'après Anderson et de Winton.

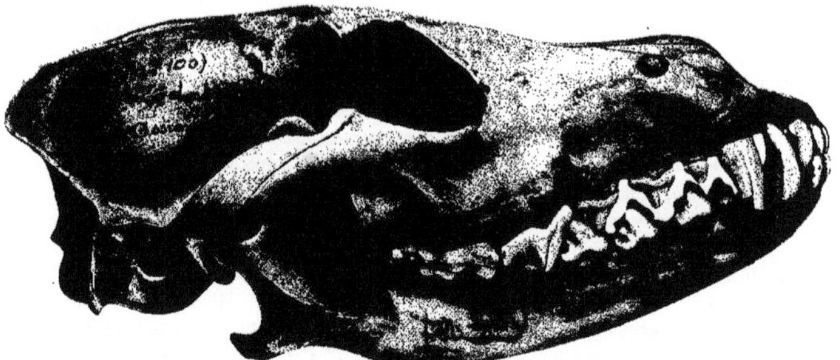

Fig. 197. — *Canis lupaster*. Assiout. (Crâne momifié n° 100.)
(Grandeur naturelle.)

Il est probable, toutefois, que les indigènes confondent sous le même nom plusieurs espèces de chacals.

[1] Hilzheimer, *Beitrag zur Kenntniss der nordafrikanischen Schakale*, p. 47, 1908.

Le chacal était très bien connu des anciens habitants de l'Egypte. Wilkinson[1] le cite, sans aucune référence, comme ayant été trouvé momifié à Siout, ou Assiout, la « Lycopolis » des Grecs.

Hilzheimer[2] a décrit deux crânes momifiés (n⁰ˢ 4568 et 4569) de cette espèce qui sont conservés dans les collections de l'Institut agronomique de Berlin. Ce savant naturaliste attribue le crâne n° 4568 à *Canis lupaster typicus* et le crâne n° 4569 à *Canis lupaster domesticus*. Les deux têtes osseuses proviennent d'Assiout, comme celle que nous avons signalée plus haut (fig. 196 et 197).

Parmi les figurations animales de Beni-Hassan, dans la tombe de Khnoum Hotep[3], de la XII⁰ dynastie, M. Victor Loret nous a signalé un canidé aux oreilles droites et à queue touffue, qui paraît se rapporter au petit chacal de l'Egypte. Il porte l'inscription suivante ⌐ ♀ ⌐, qui, d'après M. Loret, se lit « Sab ». C'est donc sous ce nom que *Canis lupaster* aurait été connu des anciens Egyptiens.

CANIS SACER Hemprich et Ehrenberg.

(Fig. 198 à 200.)

Canis sacer, Hemprich et Ehrenberg, *Symbolæ physicæ seu icones et descriptiones*, etc., Berlin, 1828.
— Hilzheimer, *Beitrag zur Kenntniss der nordafrikanischen Schakale*, etc., p. 51, Taf. V et VI, Stuttgart, 1908.

Au Muséum de Lyon, nous avons pu examiner ce chacal, d'après le squelette et la peau (n° 116 ♂) d'un individu adulte de Louqsor et d'après la peau et le crâne (n° 101 ♂) d'un spécimen des environs du Caire.

Dans son ensemble, la dépouille n° 116 est de couleur grisâtre inégalement foncé, avec une teinte jaunâtre sur la face externe des membres, à la base des oreilles, sur la nuque et sur le nez. La coloration du dos est d'un gris assez foncé, par suite de l'abondance de longs poils annelés de blanc et de noir. Ces poils, examinés isolément, présentent un anneau blanc à la base, puis un long anneau noir, puis un second anneau blanc et, enfin, une pointe noire. La couleur gris foncé du dos s'éclaircit graduellement et devient gris très clair, à mesure qu'on se rapproche des côtés et de la face inférieure du corps. La queue, courte et peu touffue, est grise à la base ; à une faible distance au-dessous, elle est couverte de longs poils noirs et blancs qui lui donnent, jusqu'à l'extrémité, une coloration noire brunâtre. Les poils de la queue sont formés simplement d'un grand anneau blanc et d'une pointe noire. La face externe des extrémités est d'un jaune grisâtre qui s'atténue peu à peu pour passer, vers la cuisse et au niveau de l'articulation de l'épaule, à la teinte grise des flancs et du dos ; la face interne des membres est d'un gris jaune très clair. Sur la face antérieure des membres de devant, on distingue une étroite bande brune un peu au-dessous de l'articulation scapulo-humérale ; cette

---

[1] Wilkinson, *The Manners and customs of the ancient Egyptians*, vol. III, p. 258.
[2] Hilzheimer, *Beitrag zur Kenntniss*, etc., p. 45 et p. 94, Taf. IX et X, 1908.
[3] Champollion, *Monuments de l'Egypte et de la Nubie*, Paris, 1845, IV, pl. CCCLXXXII, *Beni-Hassan-el-Quadim*.

bande, qui s'accentue en descendant, se termine au niveau de l'articulation de la main et de l'avant-bras.

La tête, de couleur gris brunâtre vers la nuque, est d'un gris foncé sur le front et les joues. Le nez et la face externe des oreilles sont jaune brun ; à l'intérieur, les oreilles sont bordées d'une étroite bande de poils blanc jaunâtre. Le tour des yeux est jaune clair. Les lèvres supérieures sont colorées d'un blanc grisâtre très clair qui se continue sur toute la gorge. Le menton et la partie antérieure du museau sont d'un gris sale.

Longueur totale du corps et de la tête, 80 centimètres ; longueur de la queue, 25 centimètres.

Cette peau n° 116 d'un *Canis sacer* de Louqsor ressemble beaucoup à la dépouille (n° 1594) d'un animal de même espèce, qui est conservée au Musée d'Histoire naturelle de Stuttgart[1] et provient de Choubra, dans la banlieue du Caire. On ne peut signaler entre les deux que de légères différences dans la coloration des membres. Selon Hilzheimer[1], une petite tache noire se trouve, dans le spécimen de Stuttgart, sur le milieu de la face antérieure de la main ; cette petite tache ne se voit pas sur la peau qui est conservée au Muséum de Lyon. De plus, chez cette dernière, les extrémités sont d'un jaune grisâtre clair, tandis qu'elles sont d'un jaune cannelle vif, passant insensiblement à la couleur grise du corps, chez l'individu n° 1594 de Stuttgart.

La seconde peau (n° 104), qui représente *Canis sacer* au Muséum de Lyon, est en mauvais état de conservation. Néanmoins, on peut constater que la coloration de l'ensemble du corps est semblable à celle des documents précédemment décrits. Les membres du numéro 104 du Caire ont la même couleur jaune cannelle vif, qui a été signalée pour le n° 1594 de Choubra.

La peau et le crâne, qui ont été utilisés par Ehrenberg pour la description de *Canis sacer*, proviennent du Fayoum[1] et sont conservés sous le numéro 835 au Muséum de Berlin. Ces documents, qui ont été attribués par divers naturalistes à *Canis lupaster*, proviennent, d'après Hilzheimer, d'un très jeune mâle de *Canis sacer*.

Les dimensions du squelette n° 116 ont été indiquées plus haut, comparativement avec celles de *Canis lupaster* ; elles accusent une espèce de chacal un peu plus grande que le chien errant de l'Égypte. Les membres surtout sont plus allongés, plus grêles que ceux de ce dernier. La longueur du corps, mesurée de la première apophyse épineuse dorsale à l'extrémité des ischions, atteint 490 millimètres. Ce sont environ les mêmes dimensions qui ont été relevées chez les chiens momifiés étudiés dans cet ouvrage[2] ; mais les rayons osseux des membres de *Canis sacer* sont, respectivement, un peu plus longs que ceux des chiens communs de la vallée du Nil.

Les métacarpiens et métatarsiens, ainsi que le tibia, sont, comparativement aux autres rayons, un peu plus développés chez *Canis sacer* (fig. 198) que chez le chien paria de l'Égypte. Dans leur ensemble, les rayons des membres de *Canis sacer* présentent entre eux les mêmes rapports que ceux de *Canis lupaster*.

[1] Hilzheimer, *Beitrag zur Kenntniss*, p. 55, 1908.
[2] *La Faune momifiée*, 1re série, p. 8 et 12, 1903.

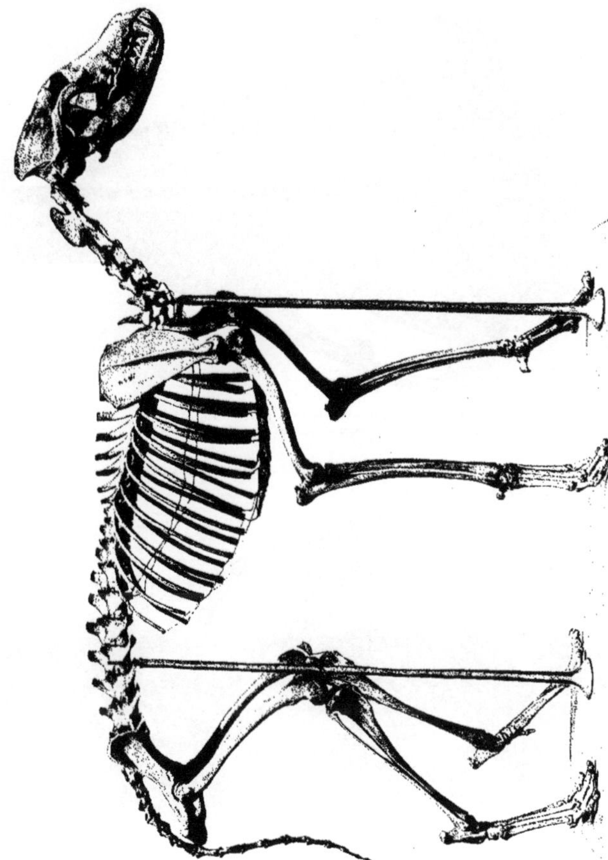

Fig. 198. — *Canis sacer*. Louqsor. (Squelette n° 116 ♂.)

On compte 23 vertèbres dans le squelette n° 116 ; 13 dorsales, 7 lombaires et 3 sacrées.

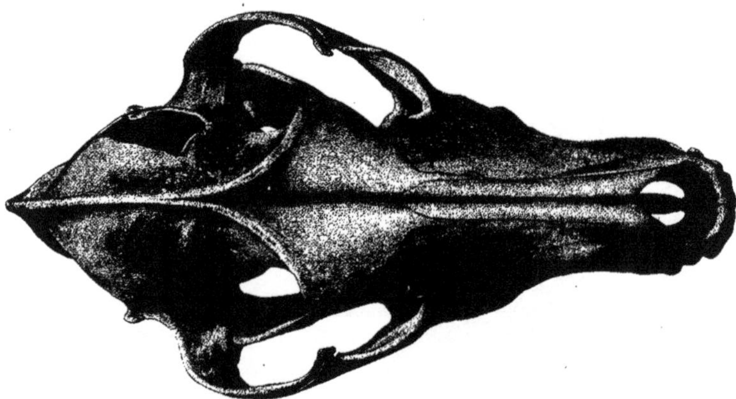

Fig. 199. — *Canis sacer*. Louqsor. (Crâne n° 116 ♂.)
(Figure un peu réduite. Longueur totale du crâne 194 millimètres.)

La queue, qui se compose de 16 vertèbres, est relativement courte plutôt par la brièveté des vertèbres que par leur petit nombre.

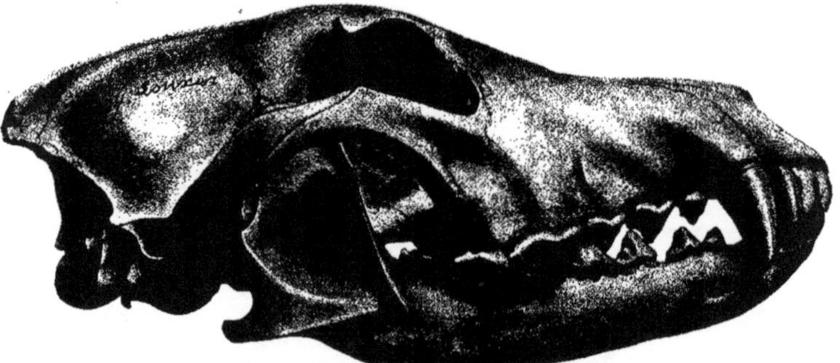

Fig. 200. — *Canis sacer*. Louqsor. (Crâne n° 116 ♂.)
(Figure un peu réduite. Longueur totale du crâne 194 millimètres.)

Le crâne n° 116 de *Canis sacer*, présente une capsule céphalique peu volumineuse, mais bien arrondie avec des faces parallèles. La crête sagittale unique se continue, de plus en plus saillante, jusqu'à la protubérance occipitale (fig. 199 et 200). Le front peu proéminent, mais assez large, est voûté, comme chez la plupart des chacals, dans le sens transversal et en avant. Il présente en outre, une gouttière assez profonde suivant la ligne médiane. L'angle frontal est de 159 degrés. Le crâne n° 104 est un peu moins grand que le spécimen n° 116. Son diamètre frontal minimum est aussi un peu plus faible, mais les principaux caractères ostéologiques sont identiques.

Suivant Hilzheimer, l'aire géographique de *Canis sacer* paraît limitée à la Nubie et à l'Egypte.

Au point de vue égyptologique, il est difficile de donner des indications concernant, d'une manière particulière, *Canis sacer*. En raison de sa taille un peu plus élevée que celle des chiens communs et de sa couleur grisâtre, les Egyptiens devaient généralement le distinguer de *Canis lupaster* et le confondre avec la grande espèce de chien sauvage, *Canis Dœderleini*, qui a été décrite en 1906 par Hilzheimer. On sait que ces grands canidés sauvages sont regardés par divers auteurs, comme les « loups » de l'Egypte, bien qu'ils n'aient aucun rapport spécifique avec les loups proprement dits. Quoi qu'il en soit, le chacal comme le « loup » comptaient, d'après Wilkinson [1], au nombre des animaux sacrés de l'ancienne Egypte.

Hilzheimer n'a, pas plus que nous, reconnu *Canis sacer* parmi les restes d'animaux momifiés conservés en Allemagne. Mais il a signalé, sous le nom de *Canis hadramauticus ? (sacer ?) domesticus* [2], un crâne de momie d'Assiout et un crâne moderne trouvé dans une caverne d'hyène de l'Egypte. Ces crânes font partie de la collection de l'Institut agronomique de Berlin.

Nous indiquerons plus loin, à propos de *Canis Dœderleini*, le nom sous lequel les grands canidés sauvages étaient connus des anciens Egyptiens.

CANIS DŒDERLEINI Hilzheimer.

(Fig. 201 à 203.)

Canis Dœderleini, Hilz., *Papio mundanensis*, etc., in *Zoologischer Anzeiger*, vol. XXX, n° 5, 1906; *Beitrag zur Kenntniss der nordafrikanischen Schakale*, etc., p. 48, Taf. VI et VII, Stuttgart, 1908.

De cette espèce le Muséum de Lyon possède le squelette complet ainsi que la peau (n° 115), d'un individu mâle provenant d'Assouan.

Canis Dœderleini, nous l'avons dit, est la plus grande espèce de chien sauvage qui soit connue en Egypte. Elle a été décrite d'après trois peaux et plusieurs crânes des musées de Strasbourg, de Munich et de Berlin. Cette espèce a environ la taille du loup et c'est à elle évidemment qu'on doit la croyance très répandue parmi les voyageurs, les égyptologues et quelques naturalistes, d'après laquelle le loup vivrait encore en Egypte et dans l'Afrique antérieure. On verra plus loin, par l'examen du squelette et du crâne de *Canis Dœderleini*, ce qu'on doit penser de cette croyance.

---

[1] Wilkinson, *The Manners and customs of the ancient Egyptians*, vol. III, p. 258.
[2] Hilzheimer, *Beitrag zur Kenntniss*, etc., p. 93, 1908.

La peau n° 115 présente une coloration générale gris jaunâtre. Le pelage est formé d'un mélange de poils blanc jaunâtre et de longs poils annelés inégalement de noir et de blanc isabelle. Sur le dos la couleur est gris noirâtre depuis la base de la queue jusqu'au front, elle s'éclaircit peu à peu et passe à une teinte gris jaunâtre sur les flancs, les épaules et les cuisses, puis elle devient d'un jaune grisâtre clair sur les extrémités. Les pieds, la face interne des membres, ainsi que le dessus de la poitrine et du ventre sont encore plus clairs. Sur la face antérieure des membres de devant on voit, comme chez *Canis sacer*, une bande grisâtre qui apparaît vers l'articulation scapulo-humérale et s'étend jusqu'à l'articulation de la main avec l'avant-bras, où elle est notablement plus foncée. La queue, plus longue que chez *Canis sacer*, est d'un gris noirâtre foncé, depuis la tache noire qui est située un peu au dessous de la base, jusqu'à la pointe. Les longs poils qui couvrent la plus grande partie de la queue sont jaunes à la base, noirs à la pointe ; ils sont mêlés de poils laineux gris bleuâtre à la base et jaunes à l'autre extrémité.

Dans son ensemble, la tête est d'un gris foncé, surtout sur le front et les joues. Le nez est jaune brun. La partie antérieure du museau ainsi que le menton sont d'un gris sombre. Les lèvres supérieures et la gorge sont blanc grisâtre clair. Les oreilles sont, extérieurement, jaunes à la base, gris jaune au sommet ; l'intérieur est seulement bordé de petits poils blanc jaunâtre.

Longueur de la tête et du corps, de l'extrémité du museau à la base de la queue, 86 centimètres ; longueur de la queue 31 centimètres.

Selon Hilzheimer[1], la peau de *Canis Dœderleini* diffère de celle de tous les chacals gris, par une teinte générale fauve, d'un brun gris uniforme, dans lequel le blanc disparaît complètement.

Par le squelette *Canis Dœderleini* se différencie bien mieux que par la peau, des chacals égyptiens. Ses dimensions sont un peu plus élevées que celles de *Canis sacer*, comme le montrent les mensurations données plus haut (p. 269). La longueur du corps, prise de la première apophyse épineuse dorsale à l'extrémité des ischions, est de 480 millimètres chez *Canis sacer* et de 530 chez *Canis Dœderleini*. Mais chez ce dernier les rayons des membres, notamment ceux des extrémités, métacarpiens et métatarsiens, radius et tibias sont plus allongés, comparativement aux autres rayons (fig. 201). On remarquera, en ce qui concerne le squelette représenté figure 201, que les membres postérieurs sont un peu trop fléchis, par suite, la colonne vertébrale n'est pas assez élevée en arrière, et la queue descend trop bas par rapport aux talons.

Dans le premier fascicule de cette étude[2] nous avons montré que chez tous les chiens momifiés examinés à Lyon, de même que chez les loups proprement dits, le fémur est toujours plus long que le tibia, tandis qu'on trouve chez certains lévriers de la faune actuelle une proportion inverse, le tibia est plus allongé que le fémur. Chez *Canis sacer* et *Canis lupaster* on constate que la longueur du tibia est à peu près égale à celle du fémur, mais chez *Canis Dœderleini*, nous trouvons le tibia notablement plus grand que le fémur. A ce point de vue, le grand chien sauvage de l'Egypte rappelle donc plutôt le lévrier que le loup.

[1] Hilzheimer, *Beitrag zur Kenntniss der nordafrikanischen Schakale*, p. 48 à 51, 1908.
[2] *La Faune momifiée*, 1re série, p. 8, 12 et 15, 1903.

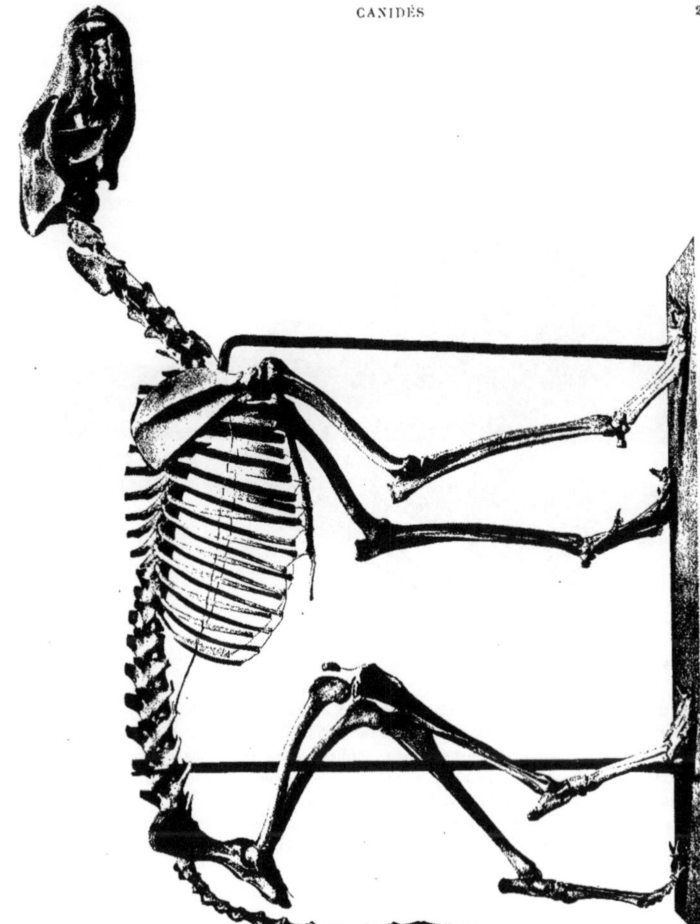

Fig. 201. — *Canis Dœderleini.* Assouan. (Squelette n° 115 ♂)

En ce qui concerne les membres antérieurs de *Canis Dœderleini*, leurs rayons sont entre eux environ dans les mêmes rapports que ceux de *Canis sacer* ou de *Canis lupaster*.

D'après le développement des membres postérieurs on peut conclure que *Canis Dœderleini* est un canidé bien mieux organisé pour courir que les divers chiens ou chacals de la vallée du Nil. La formule vertébrale se compose de 23 vertèbres thoraciques, c'est-à-dire 13 dorsales, 7 lombaires et 3 sacrées.

La tête osseuse n° 115, présente les principaux caractères spécifiques signalés par Hilzheimer. Le crâne proprement dit n'est pas très grand ; la capsule céphalique augmente graduellement de largeur depuis la crête sagittale jusqu'à l'écaille du temporal, elle est étranglée en

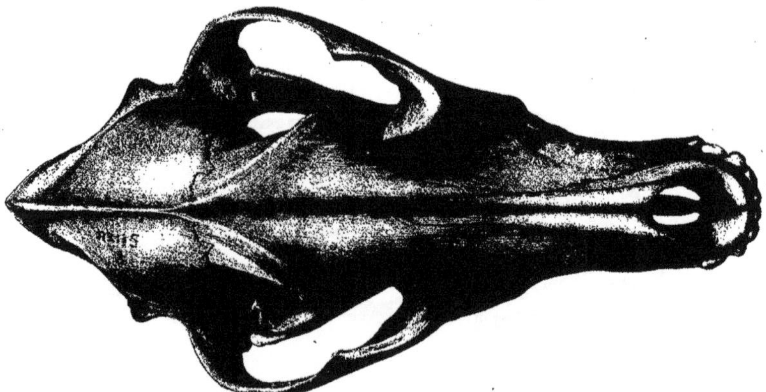

Fig. 202. — *Canis Dœderleini*. Assouan. (Crâne n° 115 ♂.)
(Figure réduite. Longueur totale du crâne 208 millimètres.)

avant au niveau des tempes, puis elle s'élargit jusqu'aux apophyses post-orbitaires. Le front assez étendu dans le sens antéro-postérieur, est très arrondi transversalement ; il est en outre, arrondi un peu en avant et creusé, suivant la ligne médiane, d'une dépression assez profonde (fig. 202 et 203). La dentition est relativement faible comparativement à celle de *Canis sacer*. La longueur basilaire du crâne n° 115 est de 180 millimètres.

Nous signalerons, entre le crâne type du Muséum de Strasbourg[1] et celui de Lyon, une différence assez notable concernant la largeur du nez. Le diamètre transverse du nez est bien moins grand chez le spécimen n° 115.

On a vu précédemment[2] que la tête osseuse des loups se distingue de celle des chiens égyptiens, en ce que, chez les loups, le développement antéro-postérieur du crâne est plus

[1] Hilzheimer, *Beitrag zur Kenntniss*, p. 48, Taf. VII, fig. 149.
[2] *La Faune momifiée*, 1re série, p. 16, 1903.

petit que la longueur de la face, au lieu que chez les chiens de l'Egypte, la longueur du crâne est au contraire toujours plus élevée que celle de la face. Il en est de même pour *Canis Dœderleini*, chez lequel le crâne (longueur 109 millimètres) est sensiblement plus grand que la face (97 millim.).

Cette proportion relative de la face et du crâne, ainsi que diverses particularités morphologiques, démontrent que *Canis Dœderleini* est encore plus éloigné des loups que les chacals, tels que *Canis sacer* ou *Canis lupaster*.

Par ses formes élancées, par les proportions des rayons osseux de ses membres ainsi que par son crâne, *Canis Dœderleini* rappelle surtout *Canis Simensis* de l'Abyssinie.

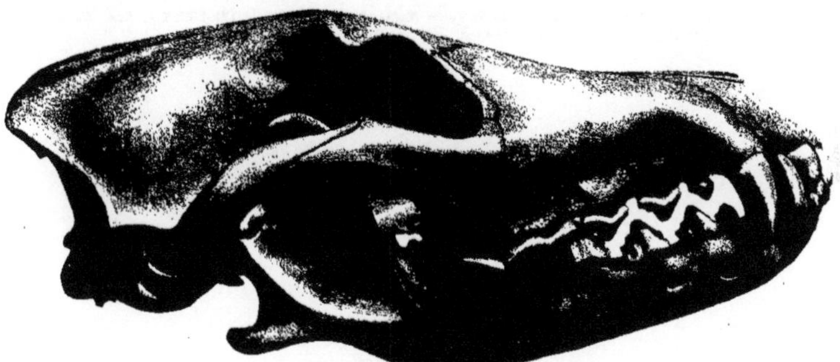

Fig. 203. — *Canis Dœderleini*. ASSOUAN. (Crâne n° 115 ♂.)
(Figure réduite. Longueur totale du crâne 208 millimètres.)

Suivant Hilzheimer, l'habitat de *Canis Dœderleini*, s'étend vraisemblablement depuis le Fayoum jusqu'au nord de l'Abyssinie.

Ainsi que nous l'avons dit à propos du chacal examiné précédemment, *Canis Dœderleini* le plus grand canidé sauvage de l'Egypte, est sans doute le « loup » des anciens auteurs.

Wilkinson[1] ne cite pas cet animal comme ayant été reconnu parmi les momies, mais il dit que le « loup » était au nombre des animaux sacrés des anciens Egyptiens.

Hilzheimer[2] signale dans la collection de l'Institut agronomique de Berlin, deux crânes de momies d'Assiout (n°ˢ 4.570 et 4.574) qu'il attribue à *Canis Dœderleini domesticus* Hilzh.

De notre côté, nous avons remarqué, parmi les matériaux étudiés dans le premier fascicule du présent ouvrage, un canidé momifié (n° 40), dont les membres présentent les caractères particuliers aux chiens errants et à *Canis lupaster*, alors que le crâne[3], par son profil, et la

---

[1] Wilkinson, *The manners and customs of the ancient Egyptians*, vol. III, p. 258.
[2] Hilzheimer, *Beitrag zur Kenntniss*, p. 93, Taf. IX, fig. 20 *a*.
[3] *La Faune momifiée*, 1ʳᵉ série, p. 8, fig. 4.

forme de sa capsule céphalique rappelle *Canis Dœderleini*. Examiné isolément, ce crâne aurait pu être attribué à *Canis Dœderleini domesticus* Hilzh., mais les membres et le corps, identiques à ceux du chien errant, démontrent que l'individu n° 40, trouvé momifié à Assiout, représente simplement une des nombreuses variations individuelles produites par le croisement du chien paria avec l'une ou plusieurs des espèces sauvages de la vallée du Nil.

D'après M. Victor Loret, le « loup », ou plutôt le grand chien sauvage de l'Egypte, était connu des anciens Egyptiens sous un nom spécial. A Béni Hassan[1], dans la tombe de Khnoum-hotep, de la XIIe dynastie, ce nom 𓃭𓏏, qui se lit « Ounsch », est écrit au-dessus d'un canidé représenté debout sur ses quatre pattes.

[1] Champollion, *Monuments de l'Egypte et de la Nubie*, Paris, 1845, IV, pl. CCCLXXXII; *Beni Hassan-el-Quadim, tombe de Khnoum-hotep*, paroi ouest.

CHIENS MOMIFIÉS D'ASSIOUT

Les restes momifiés recueillis par M. Schiaparelli, M. Hogarth et par l'un de nous dans la nécropole d'Assiout, se composent avons-nous dit, de vingt momies complètes de canidés et de plus de cent têtes dont la plupart, en connexion avec le cou, étaient encore recouvertes de la peau et des muscles desséchés.

Nous avons profité de la présence au Muséum de Lyon, de ces nombreux matériaux, pour rechercher comment étaient morts tous ces animaux, adultes généralement et bien constitués, sur le corps desquels on n'aperçoit extérieurement aucune trace de blessure.

Pour diriger nos investigations, nous avons fait appel à l'obligeance de M. le docteur Lacassagne, professeur de médecine légale, et de M. le docteur Et. Martin, agrégé à l'Université de Lyon. Ces savants ont remarqué, chez le plus grand nombre des individus momifiés, au niveau de l'articulation du crâne avec la première vertèbre cervicale, un profond sillon montrant que le cou a été fortement serré par un lien. De plus, on a pu constater, sur plusieurs spécimens, une fracture, soit du larynx, soit des premiers anneaux de la trachée. On est donc autorisé à conclure que ces animaux ont été étranglés.

Pourtant nous signalerons un cas où la mort a peut-être été produite par un procédé différent. Le crâne du renard momifié qui est représenté, figures 192 et 193, porte, sur la paroi orbitaire du frontal, à droite et à gauche, des blessures qui paraissent avoir été faites avant la momification. Mais on ne peut dire si les coups qui les ont produites ont été portés avant ou après la mort de l'animal. Quoi qu'il en soit, un grand nombre des canidés momifiés à Assiout semblent avoir été tués par strangulation.

Plus loin, nous examinerons rapidement le crâne du chien qui ressemble à celui décrit par Hilzheimer sous le nom de « *Beduinenspitz* », et nous décrirons les caractères ostéologiques de l'un des animaux à pelage noir qui ont été rencontrés, au nombre de cinq, parmi les vingt momies reçues à Lyon de la nécropole d'Assiout.

SPITZ OU LOULOU ÉGYPTIEN
(Fig. 204 et 205.)

Beduinenspitz Hilzheimer, *Beitrag zur Kenntniss*, p. 97, Taf. IX, fig. 19, 1908.

Cette race est représentée au Muséum de Lyon par un crâne momifié (n° 101) provenant d'Assiout.

La tête osseuse du Spitz de l'ancienne Egypte est bien différente de celle des divers chiens ou chacals égyptiens que nous avons examinés jusque-là. Le crâne n° 101 est large avec un front très proéminent. La capsule céphalique est arrondie, en forme de demi-circonférence régulière, jusqu'à la suture du pariétal avec l'écaille du temporal ; au-dessous de ce point, elle s'élargit un peu vers la base. Les bulles tympaniques sont petites. Les arcades zygomatiques puissantes, décrivent une courbe très accentuée dans le sens vertical et dans le sens latéral (fig. 204 et 205).

Dans le tableau qui suit, sont indiquées les mensurations du crâne n° 101, comparativement avec celles relevées par Hilzheimer sur le crâne de *Beduinenspitz*, conservé à l'Institut agronomique de Berlin sous le n° 4.731. Pour permettre d'apprécier les rapports et différences du Spitz des Bédouins avec le chien commun de l'Egypte, nous donnons en même temps les mesures relevées sur le crâne de chien errant n° 34, représenté figure 6 dans le premier fascicule de cette étude[1], et en outre, celles du chien à robe noire n° 102, qui est décrit plus loin, après le Loulou des Bédouins.

	Spitz égyptien	*Beduinenspitz*[2]	*Chien errant*[3]	*Chien errant*
	Assiout 101 momifié	Egypte 4731 moderne	Assiout 34 momifié	Assiout 102 momifié
Longueur totale de la tête osseuse	190	»	»	182
— basilaire de la tête	166	173	146	156
— basilaire du crâne	47	48	41	45
— basilaire de la face	119	125	105	111
— maximum des os du nez	75	67	67	67
Largeur maximum des os du nez	20	17	16	14
Longueur de la voûte palatine	89	95	81	81
Largeur de la voûte palatine entre M_1 et P_4	61	63	42	46
Diamètre bi-temporal	62	64	57	58
— bi-auriculaire	62	60	55	56
— bi-orb[res] sur les apophyses orb[tes] post[res]	56	64	50	52
— bi-zygomatique maximum	111	112	94	98
— interorbitaire minimum	38	42	36	37
Longueur du crâne	97	102	92	97
— de la face	97	100	84	92
Hauteur du crâne	57	»	52	52
Longueur totale des molaires supérieures	66	68	60	65
— des deux tuberculeuses supérieures	20	»	18	19
— de la carnassière supérieure	18	19	17	17
Largeur de la carnassière supérieure	10	10	9	9
Angle orbitaire	48°	»	48°	48°
Angle frontal	143°	»	»	144°

Comme le montrent les mensurations qui précèdent, le Loulou égyptien était un animal bien plus fort que la plupart des Loulous ou Spitz européens. Le crâne momifié n° 101, a la même forme, les mêmes dimensions que le crâne moderne n° 4.731, qui provient également de l'Egypte, mais sur lequel on ne possède pas d'indication précise d'origine. Ainsi que ce der-

---

[1] *La Faune momifiée de l'ancienne Egypte*, 1re série, p. 9, fig. 6, Lyon, 1903.
[2] Hilzheimer, *Beitrag zur Kenntniss*, Tab. IV.
[3] *La Faune momifiée*, 1re série, p. 9.

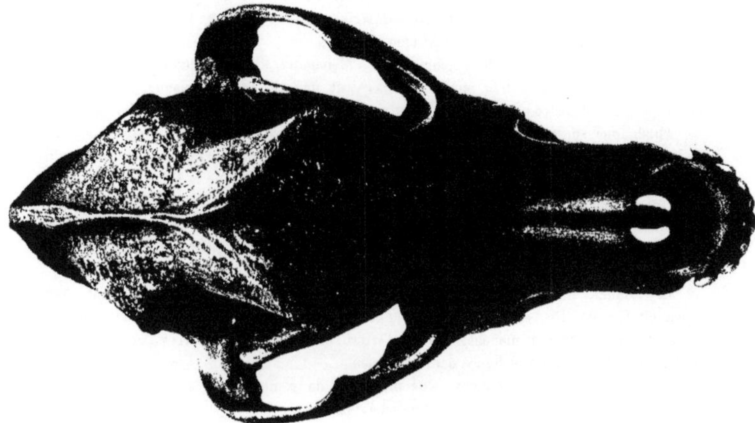

Fig. 204. — *Spitz égyptien*. Assiour. (Crâne momifié n° 101.)
(Grandeur naturelle.)

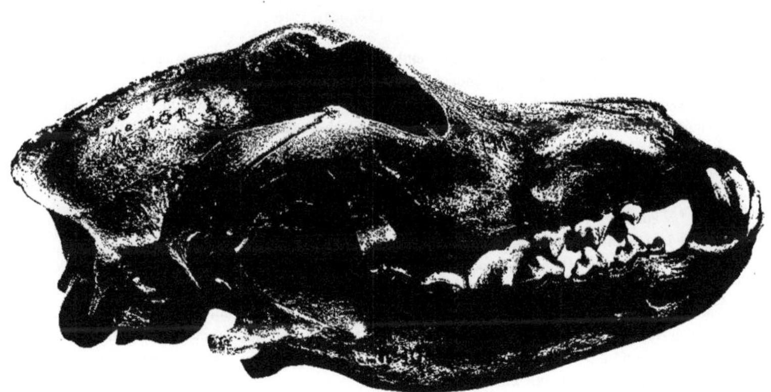

Fig. 205. — *Spitz égyptien*. Assiour. (Crâne momifié n° 101.)
(Grandeur naturelle.)

nier, il rappelle par sa physionomie générale, certaines formes du groupe des dogues et aussi le chien d'Abyssinie, du groupe de *Canis palustris*, qui est figuré par Hilzheimer[1] dans son savant travail sur les canidés de l'Afrique du Nord.

Cette ressemblance justifie l'opinion de M. Menegaux, d'après laquelle les Loulous ou Spitz, dont l'habitat est très étendu, formeraient une race très ancienne, représentant « un type primitif dérivé peut-être de *Canis palustris* de l'époque de la pierre polie[2] ».

Hilzheimer constate, dans une lettre du 29 août 1909, reçue pendant l'impression de cette étude, qu'il y a une grande ressemblance entre le crâne de l'individu momifié et celui qu'il a décrit de la faune actuelle. Il remarque pourtant, avec raison, que la ligne supérieure du profil est un peu moins courbée, le museau un peu plus long, chez le crâne de l'ancienne race que chez le moderne. Cet auteur pense, et nous partageons tout à fait cette opinion, que le Spitz égyptien rappelle un peu le groupe des dogues tels que le chien du Saint-Bernard, *C. decumanus*, etc., dont il doit être peu éloigné.

Le Loulou, dont nous signalons un crâne momifié est, très probablement, fort ancien en Égypte. Peut-être est-ce l'image de ce chien qui est représentée, à la suite des bœufs et des mouflons à manchettes, sur l'ivoire préhistorique découvert par M. Henry de Morgan à Abou-Zédan et figuré dans ce fascicule.

En raison de cette ancienneté, nous proposons de remplacer le nom de « Spitz des Bédouins » par celui de « Spitz » ou « Loulou égyptien. »

CHIEN ERRANT D'ÉGYPTE
(Fig. 206 et 207.)

Canis familiaris, Hilzheimer, *Beitrag zur Kenntniss*, p. 89, 1908.

Le chien à pelage noir, dont nous allons examiner les caractères ostéologiques, porte le n° 102, dans la série momifiée d'Assiout.

Comme la plupart des canidés provenant de cette nécropole, le spécimen n° 102 était protégé d'une large bande de toile, plusieurs fois enroulée autour du corps. Les membres antérieurs sont allongés à droite et à gauche de la poitrine, les membres postérieurs repliés contre le ventre. La tête était placée perpendiculairement à l'axe du corps, ainsi que nous l'avons déjà vu pour les chiens mentionnés comme venant de Rôda[3], bien qu'ils proviennent d'Assiout.

Le corps de l'animal a dû subir une macération dans un bain de natron, puis se dessécher lentement entouré d'un linge imbibé de natron résineux.

Cette momie a été choisie pour l'étude, en raison de son bon état de conservation et de son pelage noir ou brun roux très foncé, dont les larges touffes recouvrent encore en grande partie le corps et les membres. Sachant que l'animal sacré du dieu Anubis, de même que celui du dieu Ap-ouaïtou, sont toujours entièrement peints de couleur noire, nous avons pensé qu'un canidé momifié à poils noirs pouvait, mieux qu'un animal jaune ou gris, nous renseigner sur la nature ou la race de ces animaux sacrés.

[1] Hilzheimer, *Beitrag zur Kenntniss*, Taf. X, fig. 22, 1908.
[2] Edmond Perrier et A. Menegaux, *la Vie des Animaux illustrée*, vol. I, p. 388.
[3] *La Faune momifiée de l'ancienne Égypte*, 1re série, p. 1, fig. 1, 1903.

Voici les dimensions relevées sur le squelette non désarticulé de cette momie. Longueur

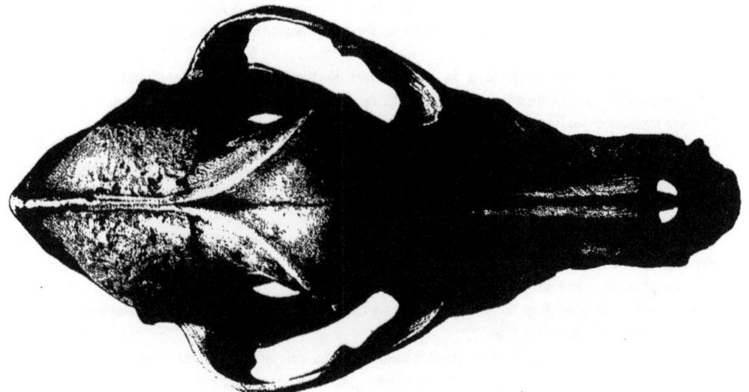

Fig. 206. — *Chien errant*. Assiout. (Crâne momifié nº 102 ♀.)
(Grandeur naturelle.)

du corps, de la première apophyse épineuse dorsale à l'extrémité des ischions, 460 millimè—

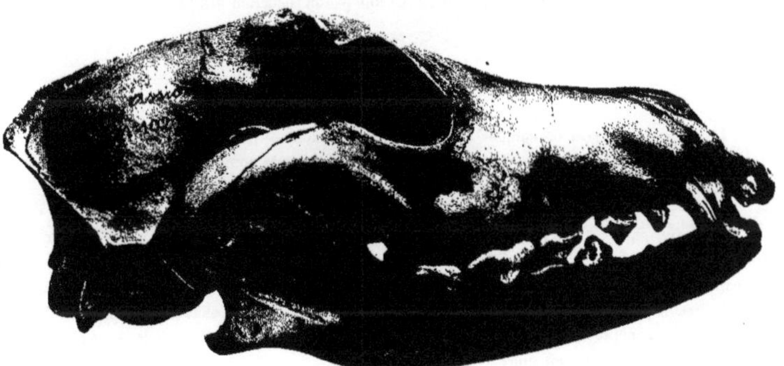

Fig. 207. — *Chien errant*, Assiout. (Crâne momifié nº 102 ♀.)
(Grandeur naturelle.)

tres. Longueur de l'omoplate 114 millimètres, de l'humérus 145 millimètres, du radius

147 millimètres, du 3ᵉ métacarpien 60 millimètres. Longueur du bassin 135 millimètres, du fémur 165 millimètres, du tibia 163 millimètres, du 3ᵉ métatarsien 66 millimètres.

La formule vertébrale est de 13 dorsales, 6 lombaires et 3 sacrées. Il y a donc une vertèbre en moins dans la région lombaire, sans compensation numérique dans la région dorsale.

Les mensurations relatives à la tête osseuse de l'individu n° 102, sont indiquées plus haut, page 284, avec celles du crâne du Spitz égyptien et du crâne du chien errant n° 34 de la série momifiée étudiée en 1903[1].

Le simple examen des diverses dimensions du squelette de l'individu n° 102, la comparaison de ses caractères ostéologiques avec ceux des spécimens décrits précédemment, montrent qu'il y a identité complète entre ce dernier et l'individu n° 34 qui a été décrit dans le premier fascicule de cette étude.

Chez ces deux individus les rayons des membres ont les mêmes proportions et sont entre eux dans les mêmes rapports.

De plus, le crâne de l'individu n° 102 représenté figures 206 et 207, est tout à fait semblable à celui du spécimen n° 34[2] qui est regardé par Hilzheimer comme représentant en propre le chien errant d'Egypte.

Les figures 206 et 207, ainsi que les mensurations qui précèdent, établissent nettement que le canidé à pelage noir d'Assiout appartient par tous ses caractères à la race des chiens parias de la vallée du Nil. Toutefois il offre, ainsi que la plupart des individus de cette race errante ou demi-sauvage, quelque ressemblance avec certains chacals de l'Egypte, notamment avec *Canis lupaster* et *Canis sacer*. La tête osseuse, longue et très étroite rappelle à ce point de vue celle de *Canis lupaster*, mais elle ressemble davantage à la tête des chiens en général, par la forte saillie et la grande largeur du front, ainsi que par la réduction des bulles tympaniques.

RÉSUMÉ

Les espèces ou races de canidés que nous avons reconnues parmi les momies reçues à Lyon, de Thèbes, d'Abydos et surtout d'Assiout, ne sont pas très nombreuses. Ci-après, nous indiquons le nom et rappelons brièvement les caractères différentiels de chacune.

1° CHIEN ERRANT DE L'ÉGYPTE[3]. — Type de taille plus faible que le chien marron de Constantinople. Sa tête est longue, forte par rapport au corps qui est assez robuste. Son crâne est caractérisé par un angle orbitaire faible qui rapproche cette race des chacals. Les oreilles sont droites et pointues, plutôt courtes. La queue est pendante, longue et touffue. Son poil est le plus souvent court et raide, hérissé, roux plus ou moins foncé, tirant parfois sur le jaune clair, quelques rares individus sont noirs.

L'un de nous a remarqué, au cours de ses nombreux séjours en Egypte, que les chiens qui

[1] *La Faune momifiée*, 1ʳᵉ série, p. 9, fig. 6.
[2] *La Faune momifiée*, 1ʳᵉ série, p. 9, fig. 6, 1903.
[3] *La Faune momifiée*, 1ʳᵉ série, p. 5, fig. 3 et 6 ; 5ᵉ série, p. 286, fig. 206 et 207.

habitent le nord de la vallée, entre le Caire et Louqsor, sont généralement de couleur jaunâtre, tandis qu'au sud, entre Kôm-Ombo et Assouan, on rencontre presque exclusivement des chiens à longs poils gris et clairsemés.

2° CHIEN TESEM[1]. — Le nom de *tesem* était donné par les Pharaons au chien que nous avons signalé précédemment sous le nom de lévrier de l'ancienne Egypte ou de lévrier à queue enroulée. Par l'examen de son squelette, nous avons montré que ce chien n'est pas, à proprement parler, un lévrier. Il convient donc de lui donner un autre nom.

Hilzheimer[2], après avoir étudié les crânes de deux individus de cette race, recueillis en Egypte par le Dr Mook dans une caverne d'hyènes, propose de la nommer *Canis pallipes domesticus*, parce que cet auteur pense qu'elle dérive de *Canis pallipes*, le loup de l'Hindoustan.

Quelle que soit l'origine de ce chien, il nous semble préférable de le désigner simplement par le nom de « tesem », sous lequel il était connu des anciens Egyptiens. Voici, à ce sujet, l'intéressante note écrite par M. Victor Loret :

« Le mot hiéroglyphique ⸺ 🦅 🐕, qui se lit *tesem* (on n'en connaît pas, faute d'équivalent copte, la vocalisation exacte), est le nom du Lévrier à queue contournée en spirale que l'on voit si souvent représenté sur les bas-reliefs égyptiens. Il est bon de signaler, afin de permettre des rapprochements zoologiques entre l'espèce égyptienne et des espèces voisines, que la reine Ramaka rapporta du pays de Pount (Erythrée et Somalie) un certain nombre de chiens *tesem*, ainsi que des cynocéphales et des cercopithèques. Le *tesem* n'était-il pas indigène en Egypte et devait-on s'en procurer sur les rives méridionales de la mer Rouge ? En tout cas, s'il était indigène en Egypte, il l'était également en Somalie et en Erythrée. »

Le chien *tesem* est haut sur jambes. Sa tête est longue, son front large et bombé. Les oreilles, de longueur moyenne, sont droites et pointues[3]. Queue longue, enroulée un tour et demi. Le poil est court, gris jaunâtre clair. Ce chien est représenté, nous l'avons dit plus haut, chassant le renard sur un monument de la nécropole de Meidoum[4].

En outre, M. le professeur Schweinfurth, par une lettre datée de janvier 1909, nous signale l'image de ce chien gravée sur des rochers dans une vallée en aval de Berber et à 1 kilomètre de distance du Nil, du côté libyque, entre Assouan et Chellal. Ces gravures ont été découvertes par M. le professeur Muthe qui a visité cette région l'hiver dernier.

3° CHIEN ÉGYPTIEN[5]. — Ce chien, connu d'après plusieurs squelettes et de nombreux crânes d'individus momifiés, est un peu plus grand que le chien errant d'Egypte, mais beaucoup plus petit que le *tesem*. Sa tête osseuse, plus courte, plus élargie, au front plus bombé que celle du chien paria, ressemble un peu à celle du *tesem*. Son angle orbitaire élevé correspond à celui de la plupart des chiens domestiques ; sous ce rapport, le chien égyptien diffère très nettement du chien errant.

---

[1] *La Faune momifiée*, 1re série, p. 13, fig. 9 et 10.
[2] Hilzheimer, *Beitrag zur Kenntniss*, p. 90, Taf. VIII, 1908.
[3] La Faune momifiée de l'antique Egypte, fig. 1, pl. I. *(Catalogue général des antiquités égyptiennes du Musée du Caire*, 1905).
[4] Flinders Petrie, *Medum*, pl. XVII, London, 1892.
[5] *La Faune momifiée*, 1re série, p. 10, fig. 7, 1903.

4° Spitz ou loulou égyptien[1]. — Le Spitz égyptien est signalé seulement d'après un crâne momifié d'Assiout, qui ressemble beaucoup à un spécimen de la faune actuelle de l'Egypte, décrit par Hilzheimer[2]. D'après ce document, qui rappelle un peu les formes du groupe des dogues, le Loulou de l'ancienne Egypte était d'une taille notablement plus élevée que le Spitz de Poméranie. Il est figuré, croyons-nous, sur l'ivoire trouvé par M. H. de Morgan dans une tombe préhistorique d'Abou-Zédan, un peu au sud d'Edfou.

5° Canis lupaster[3]. — Ce chacal a été reconnu d'après une tête momifiée provenant d'Assiout. Il est environ de la taille du chien marron de l'Egypte. Sa couleur générale est d'un gris jaunâtre. Sa queue, courte et touffue, porte une tache rousse, à une faible distance de la base sur la face supérieure. Les membres, la poitrine et le ventre sont de couleur isabelle.

Parmi les figurations de Béni-Hassan[4], un canidé aux oreilles droites et à queue touffue, représenté sous une inscription qui se lit *Sab*, paraît se rapporter au petit chacal de la vallée du Nil.

Les deux momies qui ont été citées, sous le nom de *Canis aureus*, dans le premier fascicule de cette étude[5], doivent être rattachées à *Canis lupaster*, mais avec réserve, en raison du jeune âge des individus.

6° Vulpes ægyptiaca[6]. — L'espèce a été identifiée d'après une momie complète et une tête provenant des petites fosses de la nécropole d'Assiout. Le renard égyptien, un peu plus petit que le renard vulgaire d'Europe, est comme ce dernier de couleurs fort variables : jaune fauve avec du gris à la face inférieure du cou, sur les flancs, le ventre et une partie de la queue ; quelquefois il a une robe jaune pâle et plus rarement gris noirâtre.

Ce renard est représenté en couleur dans un monument de Meidoum[7].

Nous signalerons, en outre, trois races de canidés décrites par Hilzheimer[8], d'après quatre crânes de momies d'Assiout qui font partie des collections de l'Institut agronomique de Berlin. Ce sont : *Canis Dœderleini domesticus* Hilzheimer ; *Canis hadramauticus ? (sacer ?) domesticus* Hilzh. et *Canis lupaster domesticus* Hilzh.

La liste qui précède montre que les canidés sauvages ne se rencontrent que très rarement parmi les animaux momifiés. En effet, seuls *Vulpes ægyptiaca* et *Canis lupaster* peuvent être cités. Encore, convient-il de mentionner avec réserve ce dernier dont les carnassières, relativement faibles, autorisent à croire qu'il ne représente pas le type tout à fait pur de l'espèce sauvage.

De même, le Spitz égyptien et le chien tesem sont des formes qui se montrent peu fréquemment.

---

[1] *La Faune momifiée*, 5° série, p. 283, fig. 204 et 205.
[2] Hilzheimer, *Beitrag zur Kenntniss*, p. 97, Taf. IX, 1908.
[3] *La Faune momifiée*, 5° série, p. 271, fig. 196 et 197.
[4] Champollion, *Monuments de l'Egypte et de la Nubie*, 1845, IV, pl. CCCLXXXII, *Beni-Hassan-el-Quadim*.
[5] *La Faune momifiée*, 1re série, p. 17, 1903.
[6] *La Faune momifiée*, 5° série, p. 264, fig. 191 à 193.
[7] Flinders Petrie, *Medum*, pl. XVII, London, 1892.
[8] Hilzheimer, *Beitrag zur Kenntniss*, p. 93 et 94, Taf. IX et X.

Mais la race la plus communément momifiée dans la nécropole d'Assiout est naturellement celle du chien indigène de la vallée du Nil, le chien paria, errant ou demi-sauvage. Nous nous empressons d'ajouter que le nom de chien errant ou paria ne signifie point pour nous que tous les individus de cette race étaient traités en parias par les anciens Égyptiens. Nous pensons au contraire que, pendant la civilisation pharaonique, de nombreux chiens nés de parias étaient utilisés dans les habitations ou vivaient, entourés de soins, dans les dépendances des temples d'Anubis ou d'Ap-ouaitou.

Ces résultats surprendront peut-être les égyptologues et quelques naturalistes. Les uns ne s'expliqueront pas pourquoi nous n'avons point reconnu, parmi les nombreux canidés momifiés étudiés à Lyon, les races domestiques de *Canis lupaster*, *Canis sacer* et *Canis Dœderleini* décrites par Hilzheimer. Les autres rechercheront quelle raison nous avons de penser que la race des chiens à demi sauvages était, aux temps anciens, représentée dans la vallée du Nil, aussi bien et peut-être mieux que de nos jours. Ils rappelleront que les animaux, les chiens en particulier, étaient l'objet de la sollicitude des anciens Égyptiens, et se demanderont si le chien indigène de l'Egypte ne serait pas redevenu peu à peu sauvage, seulement à partir de l'époque où les mœurs musulmanes se sont substituées à celles de la civilisation égyptienne.

Il peut paraître logique, en effet, connaissant le mépris des Arabes pour les chiens en général, d'admettre que ces animaux ont été traités en parias et condamnés à vivre loin des habitations, dans les décombres des villes ou des villages, seulement depuis l'occupation musulmane. Il n'en est rien pourtant, comme on le verra plus loin.

Nous n'avons pas cru pouvoir distinguer des races de chiens domestiques issues respectivement de *Canis lupaster*, de *Canis sacer* et de *Canis Dœderleini*, parce que les nombreux documents sur lesquels nos recherches ont porté, nous ont démontré nettement qu'il existe, parmi les chiens momifiés, des individus représentant toutes les formes intermédiaires, soit entre *Canis lupaster domesticus* et *Canis sacer domesticus*, soit entre cette dernière et la forme domestique de *Canis Dœderleini*.

Lorsque l'étude de ces canidés n'est pas bornée à l'examen morphologique de la tête osseuse, mais étendue au squelette entier, on constate bien mieux encore, sur la plupart des individus, l'influence combinée des diverses espèces de chacals et de chien sauvage qui vivent en bordure de la vallée du Nil.

Pour prouver combien serait peu conforme à la réalité la division des chiens égyptiens en trois races domestiques, correspondant respectivement aux trois espèces de canidés sauvages de la région, nous citerons à nouveau l'individu momifié n° 40, qui a été décrit dans le premier fascicule de cet ouvrage [1] : La tête de ce chien est très volumineuse, elle offre la plupart des caractères craniologiques qui ont été signalés chez *Canis Dœderleini*. Par contre, les membres de cet individu sont très petits. Ils présentent des proportions fort voisines de celles qu'on remarque chez *Canis lupaster* ou chez le chien paria, c'est-à-dire très différentes de celles qui caractérisent *Canis Dœderleini*.

Nous ajouterons, pour répondre aux observations des égyptologues, concernant l'existence des chiens parias dans l'ancienne Egypte, que le squelette de l'individu n° 40 ainsi que les autres squelettes qui ont été attribués à des chiens errants, portent tous, gravée sur leur

---

[1] *La Faune momifiée*, 1ʳᵉ série, fig. 4, 1903.

colonne vertébrale, la trace du passage de ces individus à l'intérieur des trous que se creusent encore de nos jours les parias, dans les décombres des villes et des villages : Les apophyses épineuses des vertèbres dorsales et lombaires qui sont droites et tout à fait lisses chez les canidés sauvages, comme chez les chiens domestiques, sont épaisses, granuleuses et déversées latéralement chez les chiens errants, par suite du frottement et de l'appui prolongé du dos contre les parois de leurs terriers. Les déformations de leurs apophyses épineuses dorsales et lombaires sont à nos yeux, la preuve que ces animaux sont nés et qu'ils ont vécu quelque temps, dans des cavités analogues à celles où vivent actuellement les chiens errants.

Il nous reste à rechercher quels étaient les canidés, renards, chacals, chiens ou loups, qui représentaient dans l'ancienne Egypte, les animaux sacrés des dieux Ap-ouaitou et Anubis.

Les égyptologues[1] nous apprennent que « l'animal d'Anubis est généralement représenté accroupi ⟨hiér.⟩, celui d'Ap-ouaitou est ordinairement figuré debout ⟨hiér.⟩. Le premier, d'après M. Eduard Meyer, de l'Université de Berlin, serait un chien, le second serait un loup. Debout ou accroupi, dessiné ou sculpté, l'animal est toujours entièrement peint de couleur noire.

« M. E. Meyer rappelle que jamais les auteurs classiques n'ont rangé le chacal au nombre des animaux sacrés, mais qu'ils ont donné le nom de Cynopolis (la ville du chien) à la ville où l'on adorait Anubis, et celui de Lycopolis (la ville du loup) à la ville où l'on adorait Ap-ouaitou, dieu analogue à Anubis, mais bien plus ancien. Cynopolis est aujourd'hui Scheikh-el-fadl, Lycopolis est Siout ou Assiout et dans ces deux localités, on trouve en quantité des momies appartenant au genre *Canis*. »

Pour déterminer zoologiquement l'animal sacré d'Anubis et celui d'Ap-ouaitou, on peut utiliser les momies ainsi que les figurations animales.

La superbe statuette représentant l'animal sacré d'Anubis, figure 208, offre des caractères morphologiques très discordants : Si l'on considère seulement la tête de l'animal, on conclut sans hésiter qu'il s'agit d'un renard, en constatant que seul le renard a des oreilles aussi longues et pointues ; lorsqu'on examine la queue, relativement courte mais touffue, on pense au chacal ou au loup ; enfin quand on remarque ses membres musculeux et sa robe complètement noire, on est obligé de conclure, s'il est bien entendu que l'animal sacré était noir lui-même comme le sont ses représentations peintes ou sculptées, qu'il ne peut s'agir ni d'un loup, ni d'un chacal, ni d'un renard, mais probablement d'un chien, puisque seuls, en Egypte, quelques-uns de ces animaux sont noirs.

Quelles sont donc, en Egypte, les races de chiens dans lesquelles on rencontre des individus à robe noire ?

Nous en connaissons seulement deux : 1° La race de chiens dite d'Erment ; 2° la race errante qui, d'après les voyageurs, compte quelques rares individus noirs.

Le chien d'Erment est noir, mais son museau est court, ses oreilles tombantes ; il ne ressemble donc nullement à l'animal sacré d'Anubis, dont les oreilles sont droites et le museau long. D'ailleurs, d'après une opinion très répandue dans le pays, ce chien aurait été amené en Egypte par les soldats de Napoléon.

[1] V. Loret, Préface à la *Faune momifiée de l'ancienne Egypte*, p. 5, 1905.

En ce qui concerne le chien errant de la vallée du Nil, nous devons constater d'abord que les individus de cette race, d'une manière générale, sont loin de présenter la physionomie éveillée, fière, vigilante qui est si bien exprimée dans la statuette reproduite, figure 208.

Toutefois, si l'on considère que cette race de chiens est la résultante du croisement ou du mélange de plusieurs canidés sauvages, avec quelque chien primitif, il est tout naturel d'admettre que parfois devait apparaître, au milieu des innombrables chiens jaunes ou gris, qui vivaient jadis en Egypte, la silhouette élégante de certains individus, tenant de *Canis Dœderleini* la

Fig. 208. — Statuette représentant l'animal sacré d'Anubis. (Muséum de Lyon.)
(Longueur 30 centimètres.)

gracilité de leurs membres, de *Canis lupaster* la longueur du museau ou des oreilles, et du chien paria la robe noire et la douceur relative des mœurs.

Ces animaux, aussi composites que la figuration de la divinité, devaient, en raison même de leur rareté, frapper vivement l'imagination des anciens Egyptiens qui ne tardèrent pas à voir en eux des représentants vivants de leurs dieux.

Si, d'autre part, nous constatons que les momies de canidés se composent, sauf deux ou trois exemplaires de renards et de *Canis lupaster*, à peu près exclusivement de chiens parmi lesquels les individus de la race errante dominent numériquement, on sera obligé de reconnaître qu'il est extrêmement probable, pour ne pas dire certain, que les animaux sacrés d'Anubis et d'Ap-ouaitou étaient choisis parmi les chiens errants dont la robe et l'aspect rappelaient le plus, la figure conventionnelle de ces divinités.

Il est certain que les artistes anciens donnaient aux figurations des animaux sacrés, plutôt la physionomie qu'ils devaient avoir, d'après la tradition, que celle qu'ils avaient réellement.

De ce qui précède, on peut, croyons-nous, dégager les conclusions suivantes :

1° *L'étude des canidés de l'ancienne Egypte montre que les représentants des espèces sauvages sont excessivement rares parmi les animaux momifiés. La race la plus communément représentée est celle du chien errant. Les nombreuses variations individuelles de cette race démontrent qu'elle provient du mélange combiné des divers canidés sauvages du pays ;*

2⁰ Les animaux sacrés d'Anubis et d'Ap-ouaitou étaient très probablement choisis parmi les chiens errants à robe noire qui, par l'allure générale, la gracilité des membres, le port des oreilles, présentaient le plus de ressemblance avec les canidés sauvages.

Il reste à reconnaître, à l'état momifié, quelques-uns des chiens domestiques qui sont figurés sur les monuments des Pharaons. Ces chiens se trouveront sans doute dans les sépultures humaines, à côté des momies de leurs maîtres, ou bien dans des nécropoles spéciales, distinctes de celles qui étaient réservées aux animaux sacrés des divinités.

XVIII

REPTILES

———

MOMIES DE CROCODILES

———

La momie animale la plus répandue à Kôm–Ombo, est celle du crocodile dédié au dieu Sobek, auquel la moitié du temple était consacrée. Ces Sauriens se trouvent dans presque toutes les tombes en nombre immense, depuis le jeune individu, encore renfermé dans son œuf ou venant d'en sortir, jusqu'au géant, long de 4 m. 50, dont l'énorme gueule devait facilement engloutir les femmes et les jeunes filles, lorsqu'elles allaient puiser l'eau du fleuve sans prendre de grandes précautions. Les petits crocodiles, longs de 30 centimètres à peine, entassés par milliers, pouvaient être sortis de l'œuf depuis quelques jours seulement, quoiqu'ils montrent déjà de belles rangées de dents fines et acérées. Ils devaient, à cette époque reculée, se trouver par milliards dans les eaux du grand fleuve. Ils étaient certainement pris au filet, puis fixés entre deux brindilles de roseaux afin de les empêcher de se recroqueviller sur eux-mêmes, ce qui permettait de les tremper ainsi facilement dans le bitume bouillant (fig. 209).

Depuis ces petits sauriens naissants (fig. 210), jusqu'aux géants de 4 à 5 mètres de long, on en trouve de toutes les dimensions, toujours enduits d'une épaisse couche de bitume qui devait être appliqué à chaud. Les moins gros sont souvent entourés, en outre, de bandelettes disposées avec une véritable élégance (fig. 211). Les os séparés, les crânes de jeunes individus sont toujours recouverts d'une couche de bitume si épaisse qu'ils deviennent lourds comme du fer. Plusieurs têtes isolées, que nous avons trouvées dans ces tombes, présentent le museau très nettement tranché d'un coup de hache, mutilation exécutée probablement sur l'animal vivant, avant le badigeonnage au bitume, amputation volontaire sur laquelle l'attention n'avait jamais été appelée et qui était destinée probablement à empêcher l'animal de mordre après sa capture.

Enfin, quelques gros individus portent, collés sur le dos ou sur les flancs, un grand nombre de crocodiles nouveau-nés, maintenus solidement sur les écailles par d'épaisses

Fig. 209. — Très jeune crocodile. Kôm-Ombo.

Fig. 210. — Très jeune crocodile. Kôm-Ombo.

Fig. 211. — Crocodile entouré de bandelettes. Kôm-Ombo.

(Les figures 209 et 210 sont de grandeur naturelle; la momie représentée figure 211 a 75 centimètres de longueur.)

couches de bitume. Dans certaines tombes, on trouve, collés les uns aux autres, comme cela
se voit pour les oiseaux, de grands rouleaux formés par de jeunes crocodiles englués de
bitume, formant une enveloppe d'une grande dureté.

Lorsqu'on éclaire avec une bougie les têtes de crocodiles qui se présentent ordinairement
à l'entrée de la tombe obscure, on est frappé des regards brillants qui se dégagent des yeux
de ces sauriens. Cela provient d'un
procédé d'opération oculaire que je
n'ai jamais vu signalé nulle part.
On découpait dans un vase en verre
mince (fig. 212), une cornée oblongue, à peu près de la grandeur de
celle de l'animal vivant. Dans la face
concave de cette pièce, on peignait

Fig. 212. — Cornées factices de crocodile. Kôm-Ombo.

un iris arrondi, d'une couleur jaune d'or. Au milieu de cet iris on dessinait, en noir, la pupille
oblongue du saurien. Cet œil factice, très brillant, était fixé avec du bitume et quelques bandelettes en avant de l'orbite, devenu vide, de l'animal qui reprenait ainsi une apparence de
vie tout à fait extraordinaire.

Les crocodiles atteignaient dans le Nil de Kôm-Ombo des proportions vraiment colossales. Les deux plus grands que nous ayons vus, provenant de cette localité, se trouvent exposés
de chaque côté de la porte de la salle consacrée à la zoologie, dans le Musée du Caire, ils ont
4 m. 50 et 4 m. 75 de longueur. Ceux que nous avons rapportés au Muséum de Lyon, sont de
dimensions un peu moindres. Il a fallu cependant les efforts réunis de quinze hommes pour les
ramener à la lumière des profondeurs des grottes obscures où ils étaient ensevelis depuis des
milliers d'années. Ces grands animaux sont tous simplement enduits d'épaisses couches de
bitume bouillant. Lorsqu'ils n'ont qu'un mètre de longueur (fig. 211), ils sont d'abord badi-
geonnés de bitume, puis entourés de bandes de toile de deux teintes différentes, dont les
entrelacements réguliers font un bandage quadrillé d'un effet très artistique.

Dans les tombes de Kôm-Ombo, nous avons trouvé un grand nombre de têtes séparées
de crocodiles de différentes grandeurs, présentant toutes une section complète, faite en travers
au milieu du museau, destinée à empêcher l'animal de mordre.

Cette amputation paraît avoir été faite d'un violent coup de hache, ayant sectionné, tout
à la fois, le maxillaire supérieure ainsi que la mandibule. Cette horrible blessure a été certainement faite dans le but d'amener la mort rapide de l'animal. Elle a dû être faite sur l'animal
encore vivant, probablement afin de paralyser ses maxillaires. Dans tous les cas, elle a été
opérée avant l'immersion dans le bitume, ce qui est facile à constater (fig. 213) sur les deux
surfaces de section.

Le savant et illustre zoologiste Geoffroy Saint-Hilaire, qui faisait partie de l'expédition
de Bonaparte en Égypte, a étudié avec beaucoup de soins[1] les crocodiles qui, à cette époque,
vivaient dans le Nil égyptien, ainsi que les espèces momifiées qu'il avait pu se procurer. Les
animaux, rapportés par nous, au nombre de dix-huit adultes et plusieurs milliers de petits
venant de naître, appartiennent aux espèces décrites par Geoffroy. Elles sont malheureusement

---

[1] Geoffroy Saint-Hilaire, *Description de l'Égypte*, t. XXIV, p. 401.

recouvertes d'une couche de bitume si épaisse, qu'il est extrêmement difficile de reconnaître certains des caractères sur lesquels Geoffroy avait appelé l'attention des zoologistes. Ce n'est que lorsque, par un travail très long, nous aurons pu les débarrasser de leur solide carapace bitumineuse, qu'il sera possible d'en faire une étude minutieuse qui permettra de retrouver probablement les formes décrites par le célèbre zoologiste français.

1° La première espèce étudiée par Geoffroy est celle à laquelle il a donné le nom de *Crocodilus Suchus*, qui devait être élevée dans les lacs sacrés de certaines villes appelées *Crocodilopolis*, par exemple près de Memphis, à Adfâ, à l'ouest de Ptolemaïs, en Haute-

Fig. 213. — Partie postérieure d'une tête de crocodile recouverte de bitume. Kôm-Ombo.

Egypte, à Gery dans le nome Hermonthites et enfin à Kôm-Ombo. Il y a tout lieu de croire, dit Paw, que les Egyptiens tiraient de leurs crocodiles sacrés certaines données sur l'état futur du débordement annuel du Nil, car c'est bien cette forme de saurien qui arrivait la première et en grand nombre au début de l'inondation du fleuve. Sa petitesse, sa tête longue et amincie lui permettait de nager rapidement des régions supérieures pour annoncer en Egypte l'importance de l'inondation.

D'après Geoffroy, la longueur du *Crocodilus Suchus* ne parait point dépasser 2 mètres.

2° La seconde forme est celle qui est appelée par Cuvier et Geoffroy *Crocodilus vulgaris*, qui est encore fréquente dans le Haut-Nil, et dont les dimensions dépassent souvent 4 mètres. Cet animal a aujourd'hui disparu de la Basse et de la Haute-Egypte; on ne le voit plus qu'au milieu des chutes et des rochers de la seconde cataracte, au-dessus de Waldy-Halfa. Nous l'avons vu dans le Nil Bleu, au-dessus de Karthoum, et il est aussi très abondant dans le Nil Blanc, à quelques jours de navigation au-dessus de cette ville. Les bateaux à vapeur le font rapidement disparaître, en détruisant avec les remous qu'ils produisent les œufs déposés le long des rives ou sur les ilots vaseux. On ne commence à l'apercevoir qu'à la fin

du printemps, lorsque la température vient à s'élever fortement. En hiver, il reste complètement inerte, plongé dans la vase et ne montrant à l'air libre que les ouvertures
de ses narines.

3° La troisième espèce, appelée *Crocodilus marginatus* par Geoffroy,
atteint des dimensions assez considérables. On la trouve encore dans le fleuve,
au-dessus de la deuxième cataracte, et momifiée dans certaines nécropoles
du Fayoum et à Kôm-Ombo. Sa tête est bien plus longue et plus étroite que
celle du *Crocodilus vulgaris*.

4° La quatrième espèce est le *Crocodilus lacunosus* de Geoffroy Saint-
Hilaire qui l'avait étudiée seulement sur des momies rapportées par des officiers
français au service de Mohammed-Ali. Nous ne l'avons pas rencontrée dans
les tombes de Kôm-Ombo.

5° La cinquième espèce, appelée par Geoffroy *Crocodilus complanatus*,
a été étudiée par ce zoologiste sur des momies provenant des catacombes
de Thèbes. Nous ne l'avons pas trouvée à Kôm-Ombo. L'individu étudié par
Geoffroy était entouré de bandelettes. La tête est allongée et diffère de celles
des autres espèces par un chanfrein plus élevé.

Si nous nous permettons de rappeler ici les descriptions intéressantes
de Geoffroy, c'est pour attirer à nouveau l'attention des observateurs sur ces
formes animales qui sont appelées à disparaître bientôt de l'Egypte et du
Soudan. Il est évident que Geoffroy avait entre les mains trop peu d'exemplaires pour pouvoir en faire une étude plus approfondie.

De la nécropole ptolémaïque de Kôm-Ombo, nous avons rapporté dix-
huit individus de toutes tailles et des milliers de jeunes sortis de l'œuf depuis
très peu de jours. Il sera peut-être possible d'en faire un jour une étude plus
complète lorsqu'on les aura délivrés de leur épaisse cuirasse de bitume. Ce
sera vraiment un travail long et pénible, car ce bitume, très adhérent, est
devenu d'une dureté extrême.

Nous avons rapporté de la même station de nombreux œufs, les uns
vides, les autres plus ou moins brisés et permettant de voir à leur intérieur
l'embryon entièrement développé et enroulé sur lui-même. Ces œufs ont une
longueur de 7 centimètres, sur une largeur maximum de 4 centimètres. Ils
sont très régulièrement ovoïdes, l'extrémité antérieure étant presque aussi
large que l'extrémité postérieure. La coquille n'est ni très épaisse, ni très
résistante. La figure ci-contre (fig. 214) représente un jeune crocodile sur
le corps duquel on a collé avec le bitume un grand nombre d'œufs, dont
plusieurs se sont malheureusement brisés pendant le transport de nos caisses.

Dans une des tombes humaines de Kôm-Ombo, nous avons trouvé,
entourée d'une épaisse couche de bitume, une dent très usée, une avant-
molaire inférieure gauche d'un Ane, ayant appartenu certainement à un
vieil individu.

Avec cette molaire inférieure, quatre dents canines supérieures et infé-
rieures d'une Hyène. Toutes ces dents étaient enduites de bitume.

Fig. 214.
CROCODILE ENTOURÉ
DE COQUILLES
D'ŒUFS. KÔM-OMBO.
(Longueur 95 cent.)

MOMIES DE SERPENTS

Au nombre des animaux trouvés dans la nécropole de Kôm-Ombo, nous signalerons deux intéressantes momies de serpents, découvertes il y a plusieurs années et conservées au musée archéologique du Caire. Ces momies, en forme de pains elliptiques et aplatis, sont ornées de bandelettes ingénieusement entrecroisées. Elles sont gardées telles quelles, sous les numéros 29.723 et 29.725, en raison de l'intérêt que présente leur enveloppe[1].

Pour connaître leur contenu, sans les ouvrir, M. le Dr Jarricot a bien voulu se charger de les radiographier. Ces radiographies, effectuées dans le laboratoire de M. le professeur Fabre, à la clinique obstétricale de Lyon, montrent nettement que les momies renferment l'une et l'autre un certain nombre de serpents de diverses dimensions.

La plus grande mesure 23 centimètres de longueur, 20 de largeur et 12 d'épaisseur. Elle est enveloppée de plusieurs linges de couleurs différentes : brun jaunâtre dessous, noirs dessus. La face supérieure est ornée de quatre doubles bandelettes, jaune clair et jaune foncé, de deux à trois centimètres de largeur, qui se croisent au centre de la momie (fig. 215). Ces bandelettes sont retenues par la toile brun jaunâtre qui recouvre la face inférieure.

Sur la radiographie de cette pièce (fig. 216) on distingue parfaitement les vertèbres et les côtes de plusieurs serpents enlacés.

La seconde momie, plus petite que la précédente, a 19 centimètres de longueur, 12 de largeur et 7 d'épaisseur. Son ornementation se compose, sur la face supérieure, de deux rangées longitudinales de trois rectangles chacune (fig. 217). Les rectangles sont formés par des entre-croisements de bandelettes noires et brun foncé retenues, sur le pourtour, par la toile brun jaunâtre qui protège le dessous et les côtés de la momie.

La radiographie, représentée figure 218, permet aussi de reconnaître le squelette de plusieurs serpents. Il s'agit peut-être d'individus de diverses grosseurs, du *Naja haje* Linné, précédemment décrit dans cet ouvrage[2]. On sait que le Naja ou *Uræus* formait, dans l'ancienne Egypte, l'un des principaux insignes de la puissance royale et divine.

Un autre grand pain dont les bandelettes ont disparu a été trouvé par nous dans la même localité. Il renferme aussi de nombreux squelettes de serpents malheureusement tous indéterminables les crânes manquant.

---

[1] Catalogue général des antiquités égyptiennes du Musée du Caire (*la Faune momifiée de l'antique Egypte*, p. 121, pl. XLIX, le Caire, 1905).

[2] *La Faune momifiée de l'ancienne Egypte*, 1re série, p. 184, Lyon, 1903.

Fig. 215. — Serpents momifiés. Kôm-Ombo.
(Musée du Caire.)

Fig. 216. — Radiographie de la momie représentée fig. 215. Kôm-Ombo.
(Musée du Caire.)

Fig. 217. — Momie de serpents. Kôm-Ombo.
(Musée du Caire.)

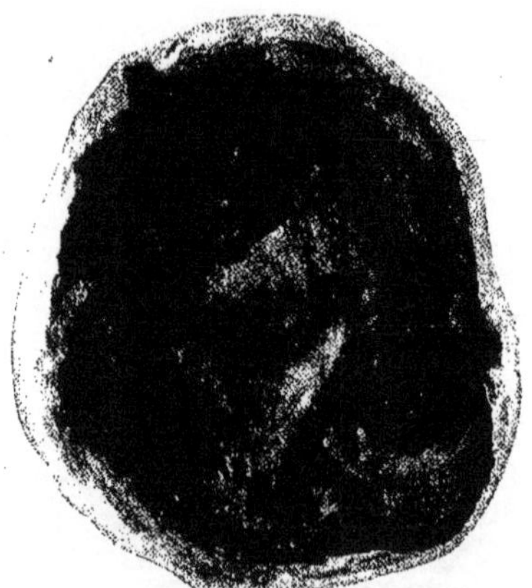

Fig. 218. — Radiographie de la momie précédente. Kôm-Ombo.
(Musée du Caire.)

Dans certaines tombes de la nécropole ptolémaïque de Kôm–Ombo, nous avons trouvé de véritables paquets de serpents, enlacés les uns aux autres, très détériorés, montrant seulement des squelettes incomplets; portant encore de grands fragments de peau, plus ou moins déchirés. Mais, malgré nos recherches les plus minutieuses, nous n'avons pu trouver aucune tête, ce qui rend les déterminations exactes absolument impossibles, la forme et la grandeur des écailles n'offrant pas de caractères suffisants. Tous ces débris appartiennent très probablement à de petites espèces, probablement à des Colubridées de moyenne taille ; aucun de ces ossements ne nous a paru appartenir au véritable Naja *(Naja haje)*, cependant très commun, parait–il, dans la localité, mais surtout dans les iles cultivées voisines, ainsi que dans la plaine fertile qui fait face à Kôm–Ombo. C'est là que se trouvent, sur de grandes étendues, les cultures de cannes à sucre, de doura et de maïs qui servent surtout de retraites et de territoire de chasse à cette dangereuse espèce.

Des serpents de tailles plus ou moins considérables et quelquefois gigantesques, peints de couleurs éclatantes mais le plus souvent invraisemblables, ont été, très souvent figurés sur les parois des tombes royales de Bibân–el–Mouloûk. Ni à Kôm–Ombo, ni ailleurs nous n'avons pu trouver une seule momie du Naja qui a servi cependant à créer l'ornement si gracieux de l'Uraeus.

Le Naja est extrêmement fréquent en Haute–Egypte, surtout dans les cultures de cannes à sucre où il trouve toujours une humidité qui lui convient. Là, il se nourrit de petits mammifères et ne se montre pas avant le mois de mai, car en hiver et au premier printemps, il se terre profondément dans le sol crevassé. Pendant nos nombreuses courses au milieu des cultures, nous n'en avons jamais rencontré, si ce n'est une seule fois, dans un jardin de la banlieue du Caire, sur l'un des côtés de la promenade de Choubra, où un très grand Naja s'est élancé sur nous, sortant d'un trou creusé dans la muraille d'une Noria à moitié éboulée. Cet animal redoutable a été heureusement assommé d'un coup de pioche que portait le jardinier qui nous accompagnait. C'est donc une espèce qui ne pique point seulement pour se défendre, mais qui peut aussi attaquer vivement un homme inoffensif. Dans de pareilles conditions, on ne comprend pas que cet affreux reptile n'occasionne pas une mortalité plus considérable en Egypte.

Dès la plus haute antiquité, il paraît que les serpents ont été souvent consacrés à la déesse Atoum, divinité de On–Héliopolis, conçue comme dieu du soleil couchant; ils étaient consacrés aussi au Dieu Har-Khent-Khetaï, dieu d'Atribis, bourgade située près de Benha, ainsi qu'à la déesse Outo, vénérée dans la ville de Bouto située dans le Delta d'où sa protection s'étendait sur toute la Basse-Egypte.

XIX

POISSONS

Depuis la description des innombrables momies de *Lates niloticus* trouvées à Esné[1], nous n'avons découvert aucun reste momifié se rapportant à d'autres espèces de poissons.

Toutefois, l'un de nous a pu recueillir ou acheter dans la Haute-Egypte, trois figurines de diverses époques, représentant des animaux de ce groupe. L'une, en bois, rappelle grossièrement la forme de *Barbus bynni;* la seconde, en serpentine verdâtre, ressemble aux poissons du genre *Chromis* ou *Tilapia ;* la troisième est en schiste vert foncé, elle représente une figure de fantaisie à corps de poisson et tête de dauphin.

BARBUS BYNNI Forskal.
(Fig. 219.)

Il est possible d'attribuer à *Barbus bynni* Forskal, la statuette reproduite figure 219. parce qu'elle représente d'une manière assez approchée la silhouette particulière de ce barbeau, et surtout, parce que nous avons trouvé à l'intérieur de la statuette, enveloppées dans un menu fragment d'étoffe jaunie par le natron résineux, plusieurs écailles de cette espèce.

Cette figurine, taillée dans un morceau de figuier sycomore, a été acquise à Louqsor.

Les caractères zoologiques de *Barbus bynni* ont été indiqués précédemment, à propos des bas-reliefs du tombeau de Méra, VIe dynastie, parmi lesquels cette espèce est figurée[2].

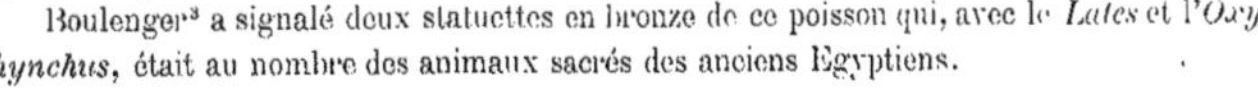

Fig. 219.
STATUETTE EN BOIS REPRÉSENTANT *Barbus bynni*. LOUQSOR.
(Grandeur naturelle.)

Boulenger[3] a signalé deux statuettes en bronze de ce poisson qui, avec le *Lates* et l'*Oxyrhynchus*, était au nombre des animaux sacrés des anciens Egyptiens.

---

[1] *La Faune momifiée*, 1re série, p. 185, fig. 79 à 82, 1903.
[2] *La Faune momifiée*, 4e série, p. 128, fig. 94, 1908.
[3] Boulenger, *The Fishes of the Nile*, p. 203, fig. 24 et 25, pl. XXXIV. 1907.

TILAPIA (CHROMIS)
(Fig. 220.)

Cette figurine, trouvée par l'un de nous à Kôm-Ombo, est taillée dans un morceau de serpentine verdâtre. Sur l'un des côtés, on remarque une cavité au fond de laquelle est représenté en bas-relief, un poisson ou dauphin indéterminable (fig. 220).

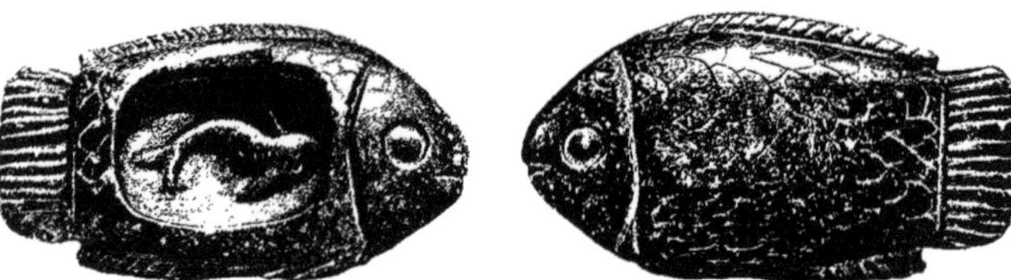

Fig. 220. — Figurine représentant un poisson du genre Tilapia. Kôm-Ombo.
(Grandeur naturelle.)

Cet objet rappelle les nombreuses figurines en bronze, en ivoire[1] ou en faïence[2], qui représentent des poissons du genre *Tilapia*.

La technique artistique parait dater de l'époque gréco-romaine.

POISSON OU DAUPHIN
(Fig. 221.)

Cette plaque de schiste vert foncé, recueillie à Gébéleïn, présente une curieuse association de caractères zoologiqués. L'ensemble du corps, l'ouverture operculaire, se rapportent à un poisson, mais la tête, au museau pointu, aux mâchoires armées de dents, rappellent plutôt celle du marsouin. De plus, les rayures transversales et obliques qui ornent les côtés font penser à la disposition des bandelettes chez certains animaux momifiés (fig. 221).

Fig. 221. — Figurine en schiste vert foncé. Gébéleïn.
(Longueur 180 millimètres.)

Cette figurine représente plutôt une sorte de fantaisie artistique qu'une espèce animale particulière.

[1] De Morgan, *Recherches sur les origines de l'Egypte*, p. 193, Paris, 1907.
[2] *La Faune momifiée*, 4e série, p. 139, fig. 97, 1908.

XX

MOLLUSQUES[1]

DE KARNAK ET DE KÔM-OMBO

Au cours des fouilles effectuées l'hiver dernier dans la Haute-Égypte, M. le Dr Lortet a recueilli un certain nombre de coquilles qui ont été déterminées très obligeamment par M. L. Germain, préparateur de malacologie au Muséum d'Histoire naturelle de Paris.

Outre quelques exemplaires de *Conus erythræensis* Beck, cité précédemment[2], nous devons signaler deux espèces, *Columbella pardalina* Lamarck et *Ostrea cornucopiæ* Lamarck, qui, à notre connaissance, n'avaient pas encore été rencontrées en Égypte.

Ostrea cornucopiæ est représentée par une seule valve trouvée à Karnak ; *Columbella pardalina* formait un collier dans une tombe de la nécropole de Kôm-Ombo.

GASTROPODES

—

Genre COLUMBELLA Lamarck

COLUMBELLA PARDALINA Lamarck.

(Fig. 222.)

Columbella pardalina, Lamarck, *Animaux sans vertèbres*, vol. X, p. 270. — Quoy et Gaimard, *Voyage de l'Astrolabe, Zool.*, p. 586, pl. XL, fig. 29-30. — Martini und Chemnitz, *Conchylien-Cabinet*, p. 45, Taf. 6, fig. 8-11.

Voici, d'après Martini et Chemnitz, la description de la Colombelle panthérine.

« Testa ovata vel ovato-acuminata, solida, nitida, lævis, sub lente tantum subtiliter striata et vestigiis striarum spiralium obsoletissimis cincta, albo et rufo-fusco varie ornata,

---

[1] *La Faune momifiée de l'ancienne Égypte*, 1re série, p. 91, Lyon, 1903, et 4e série, p. 105, Lyon, 1908.
[2] *La Faune momifiée de l'ancienne Égypte*, 4e série, p. 107, fig. 69, 1908.

sæpe rufo–fusca guttis albis, epidermide tenui membranacea lævi fugacissima. Spira acuta
conica apice acuminato. Anfractus et leniter crescentes, sutura impressa interdum subcanaliculata
discreti, ultimus major, spiram multo superans, basi spiraliter sulcatus, antice haud ascendens.
Apertura ovato-acuminata, basi late emarginata ; columella callo tenui læviusculo induta ;
labrum acutum, supra levissime emarginatum, extus vix incrassatum, intus labio subre-
mato denticulato armatum. »

Le collier recueilli dans une sépulture de Kòm–Ombo se compose d'une centaine de

Fig. 222. — *Columbella pardalina* LAMARCK. KÒM-OMBO.

coquilles de *Columbella pardalina*. La figure 222 est une reproduction photographique d'une
partie de ce collier.

Toutes les coquilles sont percées d'un trou sur le dernier tour, comme nous l'avons constaté
déjà pour les spécimens de *Columbella mendicaria* [1] trouvés à Karnak.

Les échantillons de *Columbella pardalina* ont une coloration uniformément jaunâtre ;
ils ne présentent plus aucune trace des maculations brunes qui se voient très bien sur le fond
blanc des coquilles modernes.

Suivant Martini et Chemnitz, *Columbella pardalina* habite l'Océan Indien.

[1] *La Faune momifiée*, 4e série, p. 115, fig. 84.

LAMELLIBRANCHES

Genre OSTREA Linné

OSTREA CORNUCOPIÆ Lamarck.

(Fig. 223.)

Ostrea cornucopiæ, Lamarck., *Animaux sans vertèbres*, vol. VII, p. 230.

La description de Lamarck concernant cette espèce est la suivante :

Testa ovato–cuneiformi apice rotundata, subtus margineque plicata; valva inferiore cucullata.

Nous signalons *Ostrea cornucopiæ* d'après une valve inférieure trouvée, avons-nous dit, à Karnak dans les fouilles effectuées à l'intérieur du mur d'enceinte du temple.

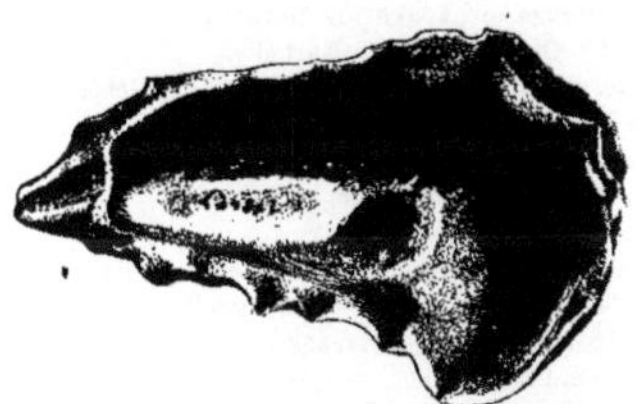

Fig. 223. — *Ostrea cornucopiæ* LAMARCK. KARNAK.

Cette coquille représentée figure 223, est en très bon état de conservation ; on ne peut avoir le moindre doute sur son attribution spécifique.

D'après Lamarck, *Ostrea cornucopiæ* habite l'Océan Indien. Il est probable toutefois qu'elle vit également dans la mer Rouge. Issel[1] et Lamarck ont en effet signalé dans cette mer, *Ostrea Forskali* Chemnitz, qui est regardée par divers auteurs[2], comme une variété de l'*O. cornucopiæ*.

[1] Issel, *Malacologia del Mar Rosso*, p. 105.

[2] Lamarck, *Animaux sans vertèbres*, vol. VII, p. 230. — Reeve, *Conchologia Iconica, Monogr. of the Genus Ostrea*, pl. XVI, sp. 34.

RÉSUMÉ

La liste des Mollusques identifiés à ce jour, dans le présent ouvrage, d'après des coquilles recueillies à Karnak, Gébélein, Abydos et Kôm-Ombo, s'élève à quarante espèces, dont vingt-trois gastropodes marins, trois terrestres ou d'eaux douces, onze lamellibranches marins et trois des eaux douces.

Un certain nombre de ces espèces avaient été rencontrées déjà par M. de Morgan[1] dans des tombes préhistoriques de la Haute-Égypte ou dans les kjœkkenmœddings de Toukh, et par M. Flinders Petrie[2] dans les tombeaux de Negadah, Zawaïdah, Ballas et Koptos. Ci-après nous donnons la liste générale des Mollusques recueillis par ces auteurs ainsi que par M. Legrain et l'un de nous, dans les diverses localités indiquées plus haut[3].

MOLLUSQUES DE L'ANCIENNE ÉGYPTE

Reconnus d'après des coquilles trouvées à Toukh [1], Negadah, Zawaïdah, Ballas, Koptos [2], Karnak, Gébélein, Abydos et Kôm-Ombo [3].

Ætheria Cailliaudi Férussac. Nil. — Toukh (de Morgan).
Ætheria elliptica Lamk. Nil. — Ballas et Koptos (Flinders Petrie) ; Karnak.
Arca (Anadara) antiquata Linné. Mer Rouge. — Koptos (Flinders Petrie).
Arca (Anadara) auriculata Lamk. Mer Rouge (?). — Gébélein.
Cadium pomum Linné. Mer Rouge. — Toukh (de Morgan).
Cardium attenuatum Sowerby. Océan Indien. — Karnak.
Cardium edule Linné. Méditerranée. — Ballas (Flinders Petrie) ; Gébélein.
Cassis glauca Linné. Océan Indien. — Karnak.
Cassis nodulosa var. Gmelin. Mer Rouge. — Ballas (Flinders Petrie).
Cerithium tuberculatum Lamarck var. Mer Rouge. — Karnak.
Clanculus pharaonius Linné. Mer Rouge. — Karnak.
Cleopatra bulimoides Olivier. Nil. — Haute-Egypte (de Morgan) ; Ballas (Flinders Petrie).
Columbella ligula Duclos. Mer Rouge. — Negadah (Flinders Petrie).
Columbella mendicaria Linné. Mer Rouge. — Karnak.
Columbella pardalina Lamarck. Océan Indien. — Kôm-Ombo.
Conus ceylanensis Hwass. Mer Rouge. — Zawaïdah et Koptos (Flinders Petrie).
Conus erythræensis Beck. Mer Rouge. — Abydos.
Conus pusillus Chemnitz. Mer Rouge. — Haute-Egypte (de Morgan).
Conus striatus Linné. Mer Rouge. — Negadah (Flinders Petrie).
Conus tessellatus Born. Mer Rouge. — Koptos (Flinders Petrie).
Conus textile var. Linné. Mer Rouge. — Ballas, Négadah, Koptos (Flinders Petrie).
Conus sp. — Ballas (Flinders Pétrie).
Cypræa annulus Linné. Mer Rouge. — Koptos (Flinders Petrie) ; Karnak.
Cypræa arabica Linné. Mer Rouge. — Koptos (Flinders Petrie) ; Karnak.
Cypræa arabica (reticulata) Linné. Mer Rouge. — Haute-Egypte (de Morgan).
Cypræa caput serpentis Linné. Mer Rouge. — Karnak.

[1] De Morgan, *Recherches sur les origines de l'Egypte*, p. 145-149, 1896.
[2] Flinders Petrie, *Six Temples at Thèbes*, p. 31, 1897.
[3] *La Faune momifiée*, 1re série, p. 191, 1903; 4e série, p. 105, 1908.

Cypræa carneola Linné. Mer Rouge. — Ballas (Flinders Petrie).
Cypræa caurica Linné. Mer Rouge. — Ballas (?) (Flinders Petrie).
Cypræa erosa Linné. Mer Rouge. — Ballas (Flinders Petrie).
Cypræa erythræensis Beck. Mer Rouge. — Karnak.
Cypræa histrio Gmelin. Mer Rouge. — Karnak.
Cypræa melanostoma Leathes. Mer Rouge. — Karnak.
Cypræa moneta Linné. Océan Indien. — Karnak.
Cypræa pantherina Solander. Mer Rouge. — Negadah (Flinders Petrie) ; Karnak.
Cypræa tigris Linné. Océan Indien. — Karnak.
Cypræa vitellus Linné. Mer Rouge. — Karnak.
Engina mendicaria Lamarck. Mer Rouge. — Koptos (Flinders Petrie).
Fasciolaria trapezium Gmelin. Mer Rouge. — Karnak
Helix desertorum Forskal. Egypte. — Negadah (Flinders Petrie).
Helix Ehrenbergi Roth. Egypte. — Karnak.
Helix melanostoma Draparnaud. Egypte. — Koptos (Flinders Petrie).
Lanistes boltenianus Chemnitz. Nil. — Karnak.
Limnæa stagnalis var. Linné. Nil. — Haute-Egypte (de Morgan).
Lotorium tritonis Linné. Mer Rouge. — Koptos (Flinders Petrie).
Mamilla maura Lamarck. Mer Rouge. — Ballas (Flinders Petrie).
Meleagrina margaritifera Linné. Mer Rouge. — Karnak.
Mitra maculosa Reeve. Mer Rouge. — Ballas (Flinders Petrie).
Mitra strigatella (literata) Lamarck. Mer Rouge. — Koptos (Flinders Petrie).
Murex anguliferus Lamark. Mer Rouge. — Karnak.
Murex brandaris Linné. Méditerranée. — Karnak.
Murex ramosus Linné. Mer Rouge. — Karnak.
Mutela nilotica Ferussac. Nil. — Karnak.
Nerita albicilla Lamarck. Mer Rouge. — Karnak.
Nerita crassilabrum Smith. Mer Rouge. — Negadah (Flinders Petrie).
Nerita polita Linné. Mer Rouge. — Toukh (de Morgan) ; Koptos, Ballas (Flinders Petrie).
Nerita sp. — Ballas, Negadah (Flinders Petrie).
Oliva sp. — Négadah, Koptos (Flinders Petrie).
Osilinus sp. — Ballas (Flinders Petrie).
Ostrea cornucopiæ Lamarck. Mer Rouge. — Karnak.
Ostrea plicata Linné. Océan Indien. — Karnak.
Ovula ovum Linné. — Ballas (Flinders Petrie).
Pecten Townsendi Sowerby. Mer Rouge. — Karnak.
Pectunculus pectiniformis Lamarck. Mer Rouge. — Karnak.
Pectunculus violacescens Lamarck. Méditerranée. — Ballas (Flinders Petrie) ; Karnak.
Pectunculus sp. — Negadah (Flinders Petrie).
Polinices mamilla Linné. Mer Rouge. — Ballas, Koptos (Flinders Petrie).
Pterocera bryonia Gmelin. Mer Rouge. — Koptos (Flinders Petrie).
Pterocera lambis Linné. Mer Rouge. — Karnak.
Purpura tuberculata Blainville. Mer Rouge. — Haute-Egypte (de Morgan).
Rostellaria curvirostris Lamarck. Mer Rouge. — Koptos (Flinders Petrie).
Sistrum anaxares Ducl. Mer Rouge. — Haute-Egypte (de Morgan).
Spatha Cailliaudi Martens. Nil. — Toukh (de Morgan).
Spatha rubens Lamarck. Nil. — Ballas (Flinders Petrie) ; Karnak.
Spatha sp. (?). Nil. — Koptos (Flinders Petrie).
Strombus fasciatus Born. Mer Rouge. — Toukh (de Morgan).
Strombus tricornis Lamarck. Mer Rouge (Flinders Petrie) ; Karnak.
Terebra cærulescens Lamarck. Mer Rouge. — Negadah (Flinders Petrie).
Terebra consobrina Desh. Mer Rouge. — Negadah, Koptos (Flinders Petrie) ; Karnak.
Terebra maculata Linné. Mer Rouge. — Koptos (Flinders Petrie).

Tridacna elongata Lamarck. Mer Rouge. — Karnak.
Tridacna gigas Lamarck. Océan Indien. — Karnak.
Turbo sp. (?) (Opercule). — Koptos (Flinders Petrie).
Unio ægyptiacus Cailliaud. Nil. — Toukh (de Morgan) ; Ballas (Flinders Petrie)
Unio Dembeæ Reeve. Nil. — Ballas (Flinders Petrie).
Unio teretiusculus Phil. Nil. — Toukh (de Morgan).
Vivipara unicolor Olivier. Nil. — Toukh (de Morgan) ; Ballas (Flinders Petrie) ; Karnak.

Comme on le voit, cette importante série de Mollusques ne compte qu'un très petit nombre d'espèces provenant de la Méditerranée ou de l'Océan Indien. Elle se compose en majeure partie d'espèces du bassin du Nil et de la mer Rouge.

Les Mollusques de la Méditerranée sont : *Cardium edule* Linné, *Murex brandaris* Linné et *Pectunculus violacescens* Lamarck.

La faune de l'Océan Indien est représentée par *Cardium attenuatum* Sowerby, *Cassis glauca* Linné, *Columbella pardalina* Lamarck, *Ovula ovum* Linné, *Cypræa moneta* Linné, *Cypræa tigris* Linné et *Ostrea plicata* Linné.

Il convient d'indiquer avec réserves l'origine de ces dernières espèces, car on sait bien qu'elles n'ont pas été trouvées à notre époque dans la mer Rouge, mais nous ignorons si la faune de cette mer est complètement connue. D'autre part, il n'est peut-être pas absolument certain que les espèces citées ne vivaient point dans la mer Rouge aux temps pharaoniques. En conséquence, il semble difficile de dire si elles témoignent de changements survenus, au cours des siècles, dans la faune de cette mer, ou si elles démontrent, comme nous le croyons plutôt, l'existence aux temps anciens, de rapports entre les populations des bords de l'Océan Indien et celles de la vallée du Nil, soit directement, soit par l'intermédiaire de la population des côtes.

Pour savoir si l'état actuel de nos connaissances permet de répondre catégoriquement aux questions que peuvent se poser les égyptologues, nous avons soumis la liste des mollusques recueillis dans les anciens monuments de l'Egypte, à l'examen d'un savant, bien connu par les recherches sur la malacologie africaine qu'il poursuit depuis longtemps dans le laboratoire de M. le professeur Joubin, au Muséum d'Histoire naturelle de Paris.

Nous publions plus loin l'étude que M. L. Germain a eu l'obligeance de nous adresser sur les Mollusques de l'ancienne Egypte. Elle est fort intéressante à la fois pour les égyptologues et pour les naturalistes.

SUR LES MOLLUSQUES

RECUEILLIS

DANS LES ANCIENS MONUMENTS ÉGYPTIENS

Par **Louis GERMAIN**

Les Mollusques jusqu'ici recueillis dans les monuments de l'ancienne Egypte forment déjà une liste assez considérable. Leur découverte est principalement due au zèle de MM. Lortet et Gaillard, qui en ont décrit et figuré un grand nombre dans leur magnifique ouvrage sur la *Faune momifiée de l'Ancienne Egypte*[1]. M. de Morgan en a également récolté dans les tombes préhistoriques de la Haute-Egypte et dans les dépôts de cuisine (Kjœkkenmœddings) de Toukh[2]. Enfin, Flinders Petrie a recueilli à Negadah, Koptos, Zowaydet et Ballas une nombreuse collection, déterminée par le Dr E.-A. Smith, et dont certaines espèces n'ont pas été retrouvées depuis[3]. En dehors de ces savants, qui ont apporté à la recherche des Mollusques une attention spéciale, les autres égyptologues ne donnent, dans leurs travaux, aucun renseignement sur ce sujet. Je dois cependant mentionner le passage suivant du malacologiste J.-R. Bourguignat. Bien que trouvés hors des monuments égyptiens, les Mollusques qu'il cite sont intéressants au point de vue spécial qui nous occupe ici. Les « couches quaternaires de Ramsès... au nombre de deux (que l'on peut appeler bancs à Ætheries, car la Cailliaudi[4] et la Chambardi[4] y foisonnent) [sont] séparées l'une de l'autre par·

---

[1] Lortet (D[r]) et Gaillard (C.), la Faune momifiée de l'Ancienne Egypte, 1re série, in-4°, 1903 (*Archives du Muséum d'Histoire naturelle de Lyon*, t. VIII) ; Mollusques, p. 191-200, 4e série, 1908 (*Archives du Muséum d'Histoire naturelle de Lyon*, t. X) ; Mollusques, p. 105-122, fig. 68-93 ; voir aussi 5e série ci-jointe. (Nous rappellerons que les Mollusques signalés dans le présent ouvrage, comme trouvés à Karnak, ont été recueillis par M. Legrain, inspecteur du Service des Antiquités de l'Egypte.)

[2] Morgan (J. de), *Recherches sur les origines de l'Egypte.* — I. *L'âge de la pierre et les métaux*, Paris, 1896, in-8° ; Mollusques, p. 145-146. — II. *Ethnographie préhistorique et tombeau royal de Negadah*, Paris, 1897, in-8° ; Mollusques, p. 59, 99 et 161.

[3] Petrie (W.-M. Flinders), *Six Temples at Thebes*, 1896 ; Londres, in-4°, 1897 ; Mollusques, p. 30-31.

[4] Les *Ætheria Cailliaudi* de Férussac (Mém. Æth., in *Mém. Académie Sciences*, 1, 1823, p. 359) et *Æth. Chambardi* Bourguignat (*Matér. Mollusques acéphales syst. européen*, I, 1881, p. 56 et p. 59) sont synonymes

3 ou 4 mètres de sable un peu terreux [et] reposent sur un lit de cailloux roulés provenant d'une antique branche du Nil. Au-dessus de la couche supérieure à Ætheries se trouve un dépôt de 4 à 5 mètres dans lequel on découvre de nombreux sarcophages et une quantité considérable de momies d'anciens habitants de Ramsès.

« Ces deux bancs à Ætheries sont donc *antérieurs* à la fondation de la ville égyptienne, et les espèces qu'ils contiennent sont les représentants de l'antique faune d'une branche nilotique disparue depuis les temps les plus reculés[1]. »

La rareté de tels documents est fort regrettable, car ils sont susceptibles de fournir de précieuses indications aussi bien au zoologiste qu'à l'égyptologue.

Au point de vue zoologique, ces Mollusques nous donnent quelques détails sur la faune ancienne de l'Egypte. Parfois, même, de tels documents *étant datés* avec une précision que l'on ne rencontre pas habituellement en histoire naturelle, constituent un point de repère certain et d'une grande valeur pour l'étude des migrations de faunes.

Au point de vue égyptologique, la présence d'espèces étrangères au pays, mais dont la distribution géographique est aujourd'hui bien établie[2], montre l'existence de relations plus ou moins suivies entre les Egyptiens et les peuples voisins. L'époque de ces relations peut être fixée avec précision lorsque les coquilles étudiées proviennent de monuments dont l'âge est connu.

On comprend, dès lors, tout l'intérêt qui s'attache à la connaissance exacte de cette faunule ; aussi est-il à désirer que les égyptologues ne se désintéressent pas de ces questions et recueillent des documents assez considérables pour permettre, par la suite, d'établir des conclusions étayées sur des faits nombreux et suffisamment précis.

Voici, tout d'abord, la liste complète des Mollusques jusqu'ici recueillis par les égyptologues. J'ai suivi l'ordre zoologique et indiqué, pour chaque espèce, la localité où elle a été recueillie et l'auteur ou les auteurs de sa découverte.

GASTÉROPODES PULMONÉS

Famille des HELICIDÆ

Genre HELIX Linné, 1758.

1. *Helix (Eremina) desertorum* Forskal. — Negadah (Fl. Petrie).
2. *Helix (Eremina) Ehrenbergi* Roth. — Karnak (Lortet et Gaillard).
3. *Helix (Helicogena) melanostoma* Draparnaud. — Koptos (Fl. Petrie).

de l'*Ætheria elliptica* de Lamarck (*Annales Muséum Hist. natur. Paris,* X, p. 401, pl. XXIX, et pl. XXX, fig. 1). J'ai d'ailleurs montré, d'accord avec R. Anthony (Influence de la fixation pleurothétique sur la morphologie des Mollusques acéphales dimyaires, *Annales Sciences naturelles*, 9ᵉ série, I, 1905, p. 340). — Monographie de la famille des Ætheridæ (*Annales (Mémoires) Société malacologique et zoologique Belgique*, t. XLI, 1907, p. 372) qu'il n'y avait qu'une seule espèce d'Ætheria comprenant deux variétés : l'une pour les formes non tubuleuses (var. *typica*), l'autre pour les formes dont les valves sont recouvertes d'épines tubuleuses (var. *tubifera*). Germain (Louis), *les Mollusques terrestres et fluviatiles de l'Afrique centrale française*, Paris, 1907, p. 548 ; Mollusques du lac Tanganyika et de ses environs (in: *Voyages en Afrique d'Ed. Foà*, Paris, 1908, p. 678).

[1] Bourguignat (J.-R.), *Matériaux pour servir à l'histoire des Mollusques acéphales du système européen*, I (seul paru), Poissy, 1881, p. 57.

[2] J'entends ici aussi bien la distribution géographique quaternaire que la distribution géographique actuelle.

Famille des LIMNÆIDÆ

Genre LIMNÆA Lamarck, 1801.

4. *Limnæa (Lymnus) stagnalis* Linné, variété[1]. — Tombes préhistoriques de la Haute-Egypte (De Morgan).

GASTÉROPODES PROSOBRANCHES

Famille des TEREBRIDÆ

Genre TEREBRA Adanson, 1757.

5. *Terebra maculata* Linné. — Koptos (Fl. Petrie).
6. *Terebra consobrina* Deshayes[2]. — Koptos, Negadah (Fl. Petrie).
7. *Terebra cœrulescens* Lamarck. — Negadah (Fl. Petrie).

Famille des CONIDÆ

Genre CONUS Linné, 1758.

8. *Conus (Lithoconus) tessellatus* Born. — Koptos (Fl. Petrie).
9. *Conus (Coronaxis) pusillus* Chemnitz. — Koptos (De Morgan).
10. *Conus (Coronaxis) ceylonensis* Hwass. — Zowaydet, Koptos (Fl. Petrie).
11. *Conus (Nubecula) striatus* Linné. — Negadah (Fl. Petrie).
12. *Conus (Cylinder) textile* Linné, variété[3]. — Ballas, Negadah, Koptos (Fl. Petrie).
13. *Conus (Pionoconus) erythræensis* Beck. — Abydos (Lortet et Gaillard).
14. *Conus* sp. ind. — Ballas (Fl. Petrie).

Famille des OLIVIDÆ

Genre OLIVA Bruguière, 1789.

15. *Oliva* sp. ind. — Negadah, Koptos (Fl. Petrie).

Famille des MITRIDÆ

Genre MITRA Lamarck, 1799.

16. *Mitra (Strigatella) maculosa* Reeve. — Ballas (Fl. Petrie).
17. *Mitra (Strigatella) litterata* Lamarck. — Koptos (Fl. Petrie).

Famille des FASCIOLARIIDÆ

Genre FASCIOLARIA Lamarck, 1801.

18. *Fasciolaria trapezium* Gmelin. — Karnak (Lortet et Gaillard).

---

[1] Variété non décrite, mais se rattachant, selon toute probabilité, au groupe du *Limnæa Chantrei* Locard, des lacs de Syrie. De Morgan (*Recherches sur les origines de l'Egypte.* — I. *L'âge de la pierre et les métaux*, Paris, 1896, p. 143) dit, en effet : « Cette espèce, voisine de la *L. stagnalis* du sud de l'Europe et de la Syrie, ne vit plus aujourd'hui dans les eaux du Nil ; quelques conchyliologues supposent qu'elle s'est éteinte en Egypte, d'autres qu'elle a été importée. » Je suis parfaitement de l'avis de ces derniers ; il y a là, comme je le dirai plus loin, un intéressant cas de migration de la Syrie vers l'Egypte.

[2] Tryon (*A Manual of Conchology*, VII, 1885, p. 10) considère cette espèce comme variété du *Terebra subulata* Linné.

[3] Variété non décrite, impossible, par suite, à identifier avec certitude.

Famille des COLUMBELLIDÆ

Genre COLUMBELLA Lamarck, 1799.

19. *Columbella pardalina* Lamarck. — Kôm-Ombo (Lortet et Gaillard).
20. *Columbella (Mitrella) ligula* Duclos. — Negadah (Fl. Petrie).
21. *Columbella (Engina) mendicaria* Linné. — Karnak (Lortet et Gaillard) ; Koptos (Fl. Petrie).

Famille des MURICIDÆ

Genre MUREX Linné, 1758.

22. *Murex (Rhinocanta) brandaris* Linné. — Karnak (Lortet et Gaillard).
23. *Murex (Chicoreus) anguliferus* Lamarck. — Karnak (Lortet et Gaillard).
24. *Murex (Chicoreus) ramosus* Linné. — Karnak (Lortet et Gaillard).

Famille des PURPURINIDÆ

Genre RICINULA Lamarck, 1812.

25. *Ricinula (Sistrum) tuberculata* Blainville[1]. — Tombes de la Haute-Égypte (De Morgan).
26. *Ricinula (Sistrum) anaxeres* Duclos. — Tombes de la Haute-Egypte (De Morgan).

Famille des TRITONIDÆ

Genre TRITON Denys de Montfort, 1810.

27. *Triton* sp. ind. — Tombeau royal de Negadah (De Morgan).

Famille des CASSIDÆ

Genre CASSIS Klein, 1799.

28. *Cassis (Casmaria) vibex* Linné, variété *erinacea* Linné[2]. — Ballas (Fl. Petrie).
29. *Cassis (Bezoardica) glauca* Linné. — Karnak (Lortet et Gaillard).

Famille des DOLIIDÆ

Genre DOLIUM (d'Argenville) Lamarck, 1801.

30. *Dolium (Malea) pomum* Linné[3]. — Kjœkkenmœddings de Toukh (De Morgan).

Famille des CYPRÆIDÆ

Genre OVULA Bruguière, 1789.

31. *Ovula ovum* Linné. — Ballas (Fl. Petrie).

Genre CYPRÆA Linné, 1758.

32. *Cypræa caurica* Linné. — Ballas ? (Fl. Petrie).

[1] C'est le *Purpura tuberculata*, signalé par J. de Morgan, *loc. supra cit.*, 1896, p. 145.
[2] C'est le *Cassis nodulosa* Gmelin, signalé par Fl. Petrie, *Six Temples at Thèbes*, 1896; Londres, 1807, p. 31.
[3] C'est le *Cadium pomum*, signalé par J. de Morgan, *loc. supra cit.*, 1896, p. 146.

33. *Cypræa erythræensis* Beck. — Karnak (Lortet et Gaillard).
34. *Cypræa carneola* Linné. — Ballas (Fl. Petrie).
35. *Cypræa (Aricia) moneta* Linné. — Karnak (Lortet et Gaillard).
36. *Cypræa (Aricia) annulus* Linné. — Karnak (Lortet et Gaillard); Koptos (Fl. Petrie).
37. *Cypræa (Aricia) caput serpentis* Linné. — Karnak (Lortet et Gaillard).
38. *Cypræa (Aricia) arabica* Linné. — Karnak (Lortet et Gaillard); Koptos (Fl. Petrie).
39. *Cypræa (Aricia) reticulata* Martyn. — Kjœkkenmœddings de Toukh (De Morgan).
40. *Cypræa (Aricia) histrio* Meusch. — Karnak (Lortet et Gaillard).
41. *Cypræa (Luponia) tigris* Linné. — Karnak (Lortet et Gaillard).
42. *Cypræa (Luponia) pantherina* Soland. — Karnak (Lortet et Gaillard); Negadah (Fl. Petrie).
43. *Cypræa (Luponia) camelopardalis* Perry[1]. — Karnak (Lortet et Gaillard).
44. *Cypræa (Luponia) vitellus* Linné. — Karnak (Lortet et Gaillard).
45. *Cypræa (Luponia) erosa* Linné. — Ballas (Fl. Petrie).

Famille des STROMBIIDÆ

Genre STROMBUS Linné, 1758.

46. *Strombus (Canarium) fasciatus* Born. — Kjœkkenmœddings de Toukh (De Morgan).
47. *Strombus (Monodactylus) tricornis* Lamarck. — Karnak (Lortet et Gaillard); Koptos, exempl. jeune (Fl. Petrie).

Genre PTEROCERA Lamarck, 1799.

48. *Pterocera (Heptadactylus) lambis* Linné. — Karnak (Lortet et Gaillard).
49. *Pterocera (Heptadactylus) bryonia* Gmelin. — Koptos (Fl. Petrie).

Genre ROSTELLARIA Lamarck, 1799.

50. *Rostellaria curvirostris* Lamarck. — Koptos (Fl. Petrie).

Famille des CERITHIDÆ

Genre CERITHIUM Adanson, 1757.

51. *Cerithium cæruleum* Sowerby. — Karnak (Lortet et Gaillard[2]).

Famille des VIVIPARIDÆ

Genre VIVIPARA Lamarck, 1809.

52. *Vivipara unicolor* Olivier. — Karnak (Lortet et Gaillard); Kjœkkenmœddings de Toukh (De Morgan); Ballas (Fl. Petrie).

Genre CLEOPATRA Troschel, 1857.

53. *Cleopatra bulimoides* Olivier. — Tombes de la Haute-Égypte (De Morgan); Ballas (Fl. Petrie).

Famille des AMPULLARIIDÆ

Genre LANISTES Denys de Montfort, 1810.

54. *Lanistes boltenianus* Chemnitz. — Karnak (Lortet et Gaillard).

---

[1] C'est le *Cypræa melanostoma* Leathes *(Tank. Cat. App.*, 1825, p. 31) signalé par Lortet et Gaillard.
[2] Signalé par Lortet et Gaillard, sous le nom de *Cerithium tuberculatum* Lamarck.

Famille des NATICIDÆ

Genre NATICA Adanson, 1757.

55. *Natica (Mamilla) maura* Lamarck. — Ballas (Fl. Petrie).
56. *Natica (Polinices) mamilla* Linné. — Ballas, Koptos (Fl. Petrie).

Famille des NERITIDÆ

Genre NERITA Adanson, 1757.

57. *Nerita albiciella* Linné. — Karnak (Lortet et Gaillard).
58. *Nerita crassilabrum* Smith. — Negadah (Fl. Petrie).
59. *Nerita (Odontostoma) polita* Linné. — Tombes de la Haute-Egypte, Kjœkkenmœddings de Toukh (De Morgan); Ballas, Koptos (Fl. Petrie).
60. *Nerita* sp. ind. — Ballas, Negadah (Fl. Petrie).

Famille des TURBINIDÆ

Genre TURBO Linné, 1758.

61. *Turbo* sp. ind. — Opercule trouvé à Koptos (Fl. Petrie).

Famille des TROCHIDÆ

Genre CLANCULUS Denys de Montfort, 1810.

62. *Clanculus pharaonius* Linné. — Karnak (Lortet et Gaillard).

Genre MONODONTA Lamarck, 1799.

63. *Monodonta (Osilinus) sp.* ind. — Ballas (Fl. Petrie).

PÉLÉCYPODES

Famille des OSTREIDÆ

Genre OSTREA Linné, 1758.

64. *Ostrea cornucopiæ* Lamarck. — Karnak (Lortet et Gaillard).
65. *Ostrea plicata* Linné. — Karnak (Lortet et Gaillard).

Famille des PECTENIDÆ

Genre PECTEN (P. Belon) Lamarck, 1799.

66. *Pecten Townsendi* Sowerby. — Karnak (Lortet et Gaillard).

Famille des AVICULIDÆ

Genre MELEAGRINA Lamarck, 1812.

67. *Meleagrina margaritifera* Linné. — Karnak (Lortet et Gaillard).

Famille des ARCIDÆ

Genre ARCA Linné, 1758.

68. *Arca (Anadara) auriculata* Lamarck. — Gébélein (Lortet et Gaillard).
69. *Arca (Anadara) antiquata* Linné. — Koptos (Fl. Petrie).

Genre PECTUNCULUS Lamarck, 1799.

70. *Pectunculus pectiniformis* Lamarck. — Karnak (Lortet et Gaillard).
71. *Pectunculus violacescens* Lamarck. — Ballas (Fl. Petrie).
72. *Pectunculus* sp. ind. — Koptos (Fl. Petrie).

Famille des UNIONIDÆ

Genre UNIO Philipsson, 1788.

73. *Unio dembeæ* Reeve. — Ballas (Fl. Petrie).
74. *Unio teretiusculus* Philippi. — Kjœkkenmœddings de Toukh, tombes préhistoriques de la Haute-Egypte (De Morgan).
75. *Unio (Nodularia) ægyptiaca* Férussac. — Kjœkkenmœddings de Toukh, tombes préhistoriques de la Haute-Egypte (De Morgan) ; Ballas (Fl. Petrie).

Famille des ÆTHERIDÆ

Genre Ætheria Lamarck, 1807.

76. *Ætheria elliptica* Lamarck [1]. — Karnak (Lortet et Gaillard); Kjœkkenmœddings de Toukh (De Morgan) ; Ballas.

Famille des MUTELIDÆ

Genre MUTELA Scopoli, 1777.

77. *Mutela nilotica* Férussac. — Karnak (Lortet et Gaillard).

Genre SPATHA Lea, 1838.

78. *Spatha rubens* Lamarck. — Karnak (Lortet et Gaillard); Ballas (Fl. Petrie) ; Kjœkkenmœddings de Toukh (De Morgan [2]).
79. *Spatha rubens* Lamarck, variété *Calliaudi* Martens [3]. — Kjœkkenmœddings de Toukh (De Morgan).
80. *Spatha* sp. ind. — Koptos (Fl. Petrie).

[1] L'*Ætheria Cailliaudi* Férussac, signalé par J. de Morgan dans les dépôts de cuisine de Toukh, est synonyme de l'*Ætheria elliptica* de Lamarck. J'ai montré précédemment (Les Mollusques terrestres et fluviatiles de l'Afrique Centrale française, in : A. Chevalier, *l'Afrique Centrale française*, 1907, p. 547 et suiv.) qu'il n'y avait qu'une seule espèce d'Ætheria, d'ailleurs très polymorphe.

[2] J. de Morgan (*Recherches sur les origines de l'Egypte.* — II. *Ethnographie préhistorique et tombeau royal de Negadah*, Paris, 1897, p. 99) a signalé, dans les Kjœkkenmœddings de Toukh, les *Spatha elongata* Letourneux, et *Spatha Letourneuxi* Bourguignat. Ces espèces sont synonymes du *Spatha rubens* Lamarck, dans lequel je les ai fait rentrer.

[3] Le *Spatha Cailliaudi*, décrit par E. von Martens (*Malakozool. Blätter*, XIII, 1866, p. 9) et très exactement figuré par Jickeli (Fauna der Land- und Süsswasser-Mollusken Nord Ost-Afrika's (*Nov. Acta der K. L. C. deutschen Akad. naturf.*, XXXVII, 1874, p. 259, Taf. VIII, fig. 1), n'est qu'une des nombreuses variétés du

Famille des TRIDACNIDÆ

Genre **TRIDACNA** (P. Belon) Bruguière, 1789.

81. *Tridacna gigas* Lamarck. — Karnak (Lortet et Gaillard).
82. *Tridacna elongata* Lamarck. — Karnak (Lortet et Gaillard).

Famille des CARDIIDÆ

Genre **CARDIUM** Linné, 1758.

83. *Cardium (Cerastoderma) edule* Linné. — Gébélein (Lortet et Gaillard).
84. *Cardium (Cerastoderma) attenuatum* Sowerby. — Karnak (Lortet et Gaillard).

En examinant cette liste attentivement, on est de suite frappé du très petit nombre de coquilles méditerranéennes qu'elle renferme. On ne peut, en effet, en citer que trois, dont la première n'est d'ailleurs connue que par un seul échantillon :

> *Murex brandaris* Linné.
> *Cardium edule* Linné.
> *Pectunculus violacescens* Lamarck.

La très grande majorité des espèces trouvées dans les tombeaux appartiennent à la faune de l'immense province Indo-Pacifique qui s'étend, comme on le sait, depuis la côte orientale d'Afrique et la mer Rouge jusqu'aux îles Sandwich, et depuis l'Australie du Nord jusqu'au Japon. Mais il y a ici d'intéressantes distinctions à établir. C'est ainsi qu'une grande partie de ces espèces habitent encore la mer Rouge et devaient, selon toute vraisemblance, y vivre également du temps des Pharaons. Tels sont, notamment, les Mollusques suivants[1] :

Terebra consobrina Deshayes.	*Cypræa erythrænsis* Reeve.
Terebra maculata Linné.	*Strombus fasciatus* Born.
Conus erythrænsis Beck.	*Strombus tricornis* Lamarck.
Conus tessellatus Born.	*Pterocera lambis* Linné.
Mitra litterata Lamarck.	*Cerithium tuberculatum* Lamarck.
Fasciolaria trapezium Gmelin.	*Clanculus pharaonis* Linné.
Columbella mendicaria Linné.	*Meleagrina margaritifera* Linné.
Murex anguliferus Lamarck.	*Arca auriculata* Lamarck.
Cypræa tigris Linné.	*Pectunculus pectiniformis* Lamarck.
Cypræa arabica Linné.	etc., etc.

Parmi les autres Mollusques rencontrés dans les monuments égyptiens, il en est qui ne sont pas, aujourd'hui, connus dans la mer Rouge[2] et qu'on ne retrouve que dans l'Océan

Spatha rubens Lamarck, qui se retrouve partout en compagnie du type. C'est donc à tort que Bourguignat(*Histoire malacologique de l'Abyssinie*, 1883, p. 136) considérait le *Spatha rubens* Lamarck comme spécial au Sénégal, et le *Spatha Cailliaudi* Martens comme particulier à la vallée du Nil.

[1] Issel (A.), *Malacologia del Mar Rosso. Richerche zoologiche e paleontologiche*, Pisa, 1868, in-8°, XI, 388 pages, 1 carte, 5 planches.

[2] Il est évident que la faune de la mer Rouge n'est pas entièrement connue et que des recherches ultérieures y feront trouver des espèces non encore signalées. Cependant, ces découvertes ne modifieront pas, d'une manière sensible, les caractères de la faune érythréenne.

Indien. Mais, le fait le plus intéressant à signaler ici, est la présence de la majorité de ces espèces sur la côte orientale d'Afrique, entre le cap Gardafui et le canal de Mozambique. Tel est, notamment, le cas de :

<table>
<tr><td>*Cassis vibex* Linné, variété *erinacea* Linné.</td><td>*Cypræa caput serpentis* Linné.</td></tr>
<tr><td>*Cassis glauca* Linné.</td><td>*Cypræa histrio* Meusch.</td></tr>
<tr><td>*Cypræa moneta* Linné.</td><td>*Ovula ovum* Linné.</td></tr>
<tr><td></td><td>*Ostrea plicata* Linné.</td></tr>
</table>

Les espèces terrestres et fluviatiles appartiennent presque toutes à la faune nilotique :

<table>
<tr><td>*Vivipara unicolor* Olivier.</td><td>*Ætheria elliptica* de Lamarck.</td></tr>
<tr><td>*Cleopatra bulimoides* Olivier.</td><td>*Mutela nilotica* de Ferussac.</td></tr>
<tr><td>*Lanistes boltenianus* Chemnitz.</td><td>*Spatha rubens* de Lamarck.</td></tr>
<tr><td>*Unio ægyptiacus* de Férussac.</td><td>*Spatha rubens* de Lamarck, variété *Cailliaudi* Martens.</td></tr>
<tr><td>*Unio dembæa* Reeve.</td><td></td></tr>
<tr><td>*Unio teretiusculus* Philippi.</td><td></td></tr>
</table>

Cependant, quelques-unes font partie de la faune paléarctique syrienne :

Helix desertorum Forskal.
Helix Ehrenbergi Roth.
Limnæa stagnalis Linné, *variété*.

Ou même circa-méditerranéenne occidentale :

Helix melanostoma Draparnaud.

De toutes ces constatations, il est possible de tirer quelques conclusions, sinon définitives, du moins très probables. Nous remarquons, tout d'abord, que la faune de la mer Rouge n'a pas dû varier sensiblement depuis les temps pharaoniques, puisque nous y avons constaté les mêmes espèces qu'aujourd'hui. Seul, le grand et magnifique *Pecten Townsendi* Sowerby, s'est éteint et ne se retrouve plus, de nos jours, que dans les dépôts quaternaires des plages soulevées, si nombreuses sur les bords de la fosse érythréenne. Ceci n'a, d'ailleurs, rien de particulièrement étonnant, l'allure d'une faune, quand elle se modifie, ne le faisant qu'avec une extrême lenteur. La mer Rouge elle-même nous en fournit un excellent exemple. On pouvait supposer que le percement de l'isthme de Suez, en mettant la mer Rouge en communication directe avec la mer Méditerranée, amènerait un mélange plus ou moins intime des faunes de ces deux mers. En réalité, ce mélange ne s'est opéré que dans d'infimes proportions : depuis le percement du canal, dix Mollusques de la mer Rouge ont gagné la Méditerranée et cinq seulement ont effectué le voyage en sens inverse[1]. Il résulte de tout ceci qu'il est à peu près certain que les Mollusques trouvés dans les monuments égyptiens, et qui n'habitent pas aujourd'hui la mer Rouge, n'ont jamais vécu dans ces régions. Mais comme la plupart de ces espèces se retrouvent sur les côtes africaines depuis le cap Gardafui jusqu'au Natal, il me semble logique d'y voir, sinon une preuve certaine, au moins une forte présomption en faveur de l'existence de relations plus ou moins suivies entre les populations de l'Afrique orientale

---

[1] Bavay (A.) et Tillier (L.), les Mollusques testacés du canal de Suez (*Bulletin Société zoologique France*, XXX, 1905, p. 180). — Au sujet des Mollusques testacés du canal de Suez (*ibid.*, XXXI, 1906, p. 129).

et les anciens Egyptiens. Ainsi l'étude des Mollusques apporte un argument nouveau et un peu inattendu en faveur de l'origine africaine de la civilisation et de la religion égyptiennes, argument qui vient s'ajouter à ceux développés par les égyptologues et, notamment, par E. Amelineau[1].

L'examen des Mollusques terrestres et fluviatiles conduit également à d'intéressantes conclusions. J'ai montré que la faune fluviatile égyptienne n'était pas autochtone, mais originaire du centre africain[2]. Les types équatoriaux, se propageant de bassin à bassin, grâce aux multiples connexions fluviales qui existaient aux temps quaternaires, ont ainsi gagné le Haut-Nil d'où ils ont essaimé jusqu'au delta. La présence de ces espèces dans la faune momifiée prouve que ces migrations étaient accomplies à l'époque pharaonique et même à l'âge de la pierre.

Nous saisissons ainsi une sorte de parallélisme entre les migrations humaines et les migrations animales ou végétales : tandis que se dessinait un courant humain entre les côtes orientales d'Afrique et l'Egypte, une migration synchrone peuplait la Basse-Egypte de Mollusques fluviatiles équatoriaux. Je me permets d'insister sur ce fait qui montre combien les études fauniques, aiguillées dans cette direction, pourraient éclairer, d'un jour tout nouveau, les travaux des archéologues. Déjà, en traitant de la faune française, j'avais eu l'occasion d'appeler l'attention sur l'identité des résultats auxquels conduisaient d'une part, l'étude des grandes migrations humaines primitives, d'autre part, la recherche de l'origine des faunes malacologiques européennes[3].

La présence, dans les tombeaux égyptiens, de l'*Helix melanostoma* Draparnaud, est également très curieuse, car elle précise la date des migrations dirigées des régions méditerranéennes occidentales vers l'Egypte, migrations d'ailleurs peu importantes et qui n'ont introduit, dans la vallée du Nil, qu'un bien petit nombre d'espèces.

Plus intéressante encore est l'existence d'une variété du *Limnæa stagnalis* Linné, signalée par J. de Morgan et Flinders Petrie[4]. Cette coquille est totalement étrangère à la faune égyptienne. Par contre, on la retrouve, sous des formes un peu différentes il est vrai, mais se rattachant bien au même type ancestral (*Limnæa lagodeschina* Bourguignat, *Limnæa Chantrei* Locard, *Limnæa homsiana* Locard etc.)[5], dans les lacs de la Syrie (Lacs d'Oms, de Tibériade, etc...). Sa présence en Egypte peut être interprétée de deux manières : on peut y

[1] Amélineau (E.), *Du rôle des serpents dans les croyances religieuses de l'Egypte (Revue de l'Histoire des religions*, 1905 ; tir. à part, p. 1, 5, 7).

[2] Germain (Louis), Recherches sur la faune malacologique de l'Afrique équatoriale (*Archives de Zoologie expér. et générale*, 5ᵉ série, I, 1909, chap. VI, p. 149 et suiv.). Je rappelle que la *faune terrestre* égyptienne est, au contraire, entièrement d'origine paléarctique.

[3] Germain (Louis), Considérations générales sur la faune malacologique vivante du département de Maine-et Loire (*Association française avancement Sciences*, 32ᵉ session, *Congrès d'Angers*, 1903, II, p. 773 ; p. 10 du tirage à part).

[4] Morgan (J. de), *Recherches sur les origines de l'Egypte*, I, Paris 1897, p. 145. — Petrie (W.-M. Flinders), *Six Temples at Thebes, 1896 ;* Londres, 1897, p. 31. Il est regrettable que l'auteur n'ait donné aucun détail sur les caractères de cette variété.

[5] Ces diverses formes, qui appartiennent évidemment à un même type spécifique, constituent, dans les régions syriennes, l'espèce représentative du *Limnæa stagnalis* Linné, si répandu dans presque tous les cours d'eau d'Europe. Les formes de Syrie ont été décrites et figurées par A. Locard : Malacologie des lacs de Tibériade, d'Antioche et d'Homs (*Archives du Muséum d'histoire naturelle de Lyon*, III, 1883, p. 69 et suivantes, pl. XXIII).

voir un apport accidentel du fait involontaire de l'homme; on peut y déceler l'existence d'une migration d'animaux fluviatiles, dirigée de la Syrie vers l'Egypte. Je pencherais volontiers vers cette dernière hypothèse qui est absolument en concordance avec ce que j'ai précédemment exposé des migrations africaines [1].

Quant aux rares espèces méditerranéennes, toutes trois recueillies à Gébélein et à Karnak, leur présence dans les tombes n'est pas anormale, la Basse–Egypte étant baignée par la mer Méditerranée.

En résumé, les documents précédents permettent de formuler deux conclusions dont l'une intéresse surtout les Egyptologues, tandis que l'autre s'adresse plus spécialement aux Zoologistes :

> I. *Au point de vue égyptologique, il a très probablement existé des relations plus ou moins suivies entre les peuplades africaines orientales et les anciens Egyptiens.*
>
> II. *Au point de vue zoologique, les migrations malacologiques fluviatiles du centre africain vers la vallée du Nil et de la Syrie vers l'Egypte sont certainement antérieures à la civilisation égyptienne.*

Quel rôle jouaient ces différents Mollusques et quel usage leur était réservé par les anciens Egyptiens ? Je ne m'étendrai pas sur ces questions qui sortent un peu du domaine zoologique. Je dirai seulement que beaucoup de Mollusques ont servi d'amulettes ou de bijoux. C'est évidemment le cas pour ceux qui ont été retrouvés à l'état de colliers [2], comme les *Conus pusillus* Chemnitz, *Conus erythræensis* Beck, *Nerita polita* Linné, *Purpura tuberculata* de Blainville, etc.. C'est encore à cet usage que servaient les coquilles percées d'un trou et récoltées en assez grand nombre dans les fouilles *(Cypræa tigris* Linné, *Cypræa arabica* Linné, *Cypræa erythræensis* Beck [3], etc., *Nerita albicilla* Linné, *Clanculus pharaonis* Linné, etc.).

D'autre part, on a recueilli, dans les tombes égyptiennes, quelques Mollusques comestibles et, notamment, le *Cardium edule* Linné. Il reste cependant bien peu probable que ces animaux aient été employés à l'alimentation. Ils sont tout d'abord en bien trop petit nombre, en quelque sorte à l'état de débris sporadiques, alors que dans les kjœkkenmœddings, la même espèce forme d'énormes amas. D'autre part, nous savons que les poissons et autres productions de la mer [4] étaient rigoureusement proscrits de l'alimentation des anciens Egyptiens. Locard, dans un fort intéressant mémoire [5], a déjà insisté sur ce sujet au point de vue malacologique; je n'ai donc pas à y revenir.

[1] Germain (Louis), Recherches sur la faune malacologique de l'Afrique équatoriale *(Archives zoologie expérim. et générale,* 5ᵉ série, I, 1909, chap. VI, p. 155 et suivantes).

[2] L'usage de ces colliers ou ceintures de coquilles s'est conservé en Afrique. M. le Dʳ Poutrin vient de me rapporter une magnifique ceinture de coquilles qui servait d'ornement à un indigène du Haut-Oubangui.

[3] Un certain nombre de Cyprées *(Cypræa moneta* Linné, *Cypræa annulus* Linné) ont été recueillies rodées sur leur face dorsale (Dʳ Lortet et C. Gaillard, *la Faune momifiée de l'ancienne Egypte,* 4ᵉ série, 1908, p. 110). Elles devaient donc, probablement, servir de cauries, ce qui est une présomption de plus en faveur des relations entre les anciens Egyptiens et les peuples africains chez lesquels l'usage des cauries s'est conservé jusqu'à nos jours.

[4] Les Crustacés et les Mollusques ont été, pendant fort longtemps, confondus avec les Poissons.

[5] Locard (A.), Histoire des Mollusques dans l'antiquité *(Mémoires de l'Académie des sciences, belles-lettres et arts de Lyon,* 1884, p. 75 et suivantes).

Il pourrait en être autrement des nombreux échantillons de *Spatha* recueillis, par de Morgan, au milieu des kjœkkenmœddings de Toukh [1]. Il ne s'agit plus ici d'animaux marins : or, de nombreux textes et monuments figurés nous apprennent que les Egyptiens se livraient à la pêche sur le Nil et les étangs voisins [2]; il est donc fort possible, qu'en temps de disette tout au moins, les habitants aient utilisé ces grands bivalves qui pullulaient dans toutes les eaux douces de leur pays [3].

Il est enfin tout un groupe d'espèces non comestibles, d'un poids et d'un volume tels qu'elles ne pouvaient servir de bijoux ou d'amulettes. Tels sont les très gros *Strombus*, *Pterocera*, *Tridacna* ou *Pecten Townsendi*. Il semble logique d'admettre que de telles coquilles jouaient un rôle encore inconnu, mais analogue à celui des autres animaux de la Faune momifiée, et que les Egyptiens leur attribuaient quelques vertus symboliques. Parmi les principaux dieux du Panthéon égyptien, nous voyons Isis représenté avec une tête de Vache, Jupiter Ammon avec celle d'un Bélier, Osiris toujours reconnaissable à sa tête d'Epervier; peut-être quelques dieux, beaucoup moins importants, avaient-ils, parmi leurs attributs, certaines des coquilles dont nous venons de parler. Il y aurait ainsi une analogie de plus entre l'Egypte ancienne et l'Inde où nous voyons la plupart des dieux: Vichnou, Krishna, Durga, Ganéça [4], etc... porter la *conque sacrée (Turbinella rapa* [5] Lamarck [6]) que les Brahmanes adoraient [7]. Mais, en Egypte, le manque de preuves ne permet pas d'arriver à une telle précision. Il est cependant possible de citer quelques faits en faveur de cette hypothèse. C'est, tout d'abord, l'existence de représentations, en pierre dure, de quelques rares Mollusques parfaitement reconnaissables [8]; c'est ensuite la présence, au milieu du mobilier funéraire qui ornait le tombeau

---

[1] Morgan (J. de), *Recherches sur les origines de l'Egypte. — II. Ethnographie préhistorique et tombeau royal de Negadah*, Paris, 1897, p. 99. Ce kjœkkenmœdding renfermait, en dehors de nombreux Mammifères et de quelques Oiseaux, un certain nombre de Poissons parmi lesquels le *Tilapia nilotica* Linné, espèce également originaire du centre africain et qui, par migrations successives, s'est répandue en Egypte et jusque dans les eaux douces de la Syrie (Louis Germain, *loc. supra cit.*, 1909, p. 161 et suiv.).

[2] Les scènes de pêche sont souvent représentées sur les parois des tombeaux égyptiens. Je me contenterai de donner ici, comme exemple, la paroi est (1re partie) du tombeau d'Ekhuoum-hôtep (Lepsius, *Denkmæler*, II Abth., Taf. 130, reproduite par E. Amélineau, *Histoire de la sépulture et des funérailles dans l'ancienne Egypte*, II, 1896, p. 503, pl. LVI ; *Annales du Musée Guimet*, t. XXIX), et la scène de pêche du tombeau de Ti, dans la nécropole de Saqqarah (E. Amélineau, *loc. supra cit.*, II, p. 421, pl. XLI).

[3] La chair des *Spatha*, analogue à celle des *Unio* et *Anodonta* de la faune française est mangeable, surtout après cuisson.

[4] Les monuments indous où les dieux sont représentés avec la conque sacrée ne sont pas rares. Le Musée Guimet en possède un assez grand nombre (Cf. L. de Millouó, *Petit guide illustré au Musée Guimet*, Paris, 1897, p. 76, 84, etc...). De nombreuses figurations en ont été données par les Indianistes. Parmi les Malacologistes, seul Locard a donné, à deux reprises, la représentation d'une statuette de Krishna appartenant au musée Guimet. — Locard (A.), Les coquilles sacrées dans les religions indoues *(Annales du Musée Guimet*, VII, 1884, pl. IV-V). *Histoire des Mollusques dans l'antiquité*, Lyon, 1884, frontispice.

[5] Cette identification a été faite par A. Locard *(Histoire des Mollusques dans l'antiquité*, 1884, p. 46).

[6] Lamarck (De), *Histoire naturelle des animaux sans vertébres*, 2e éd. (par Deshayes), t. IX, 1843, p. 377, n° 2.

[7] Bourquin (A.), Brâhmakarma ou Rites sacrés des Brâhmanes, traduit du sanscrit *(Annales du Musée Guimet*, VII, 1884, p. 45). Cet auteur donne le rite suivi pour l'adoration de la Conque.

[8] Je citerai notamment : un camée égyptien sur lequel est représenté un gros Escargot rampant (A. Locard, *Histoire des Mollusques dans l'antiquité*, 1884, p. 84) ; les imitations de coquillages en faïence émaillée signalés par Mariette-Bey (*la Galerie de l'Egypte ancienne à l'exposition rétrospective du Trocadéro*, Paris, 1878, p. 112); et surtout les belles reproductions en diorite des *Cypræa moneta* Linné (Nécropole de Rizakat, près Gébé-

royal de Negadah [1], de « deux coquilles *(Tritons)* de la mer Rouge [2] ; c'est enfin la découverte, beaucoup plus importante, signalée par MM. Lortet et Gaillard, de deux coquilles [3] préparées « pour la momification par le natron résineux conservateur [4] ». Il serait sans doute facile de multiplier de tels exemples. Quoi qu'il en soit, il convient d'attendre, pour formuler des conclusions définitives à ce sujet, que les Egyptologues aient découvert et traduit des textes précis se rapportant au rôle joué par les Mollusques dans l'ancienne religion égyptienne [5].

-lein) et *Spatha rubens* Lamarck (Rizakat) figurées par le Dr Lortet et C. Gaillard *(la Faune momifiée de l'ancienne Egypte,* 4e série, 1908, p. 110, fig. 75 et p. 121, fig. 92).

[1] Dans la chambre β.

[2] Morgan (J. de), *Recherches sur les origines de l'Egypte. — II. Ethnographie préhistorique et tombeau royal de Negadah.* Paris, 1897, p. 161.

[3] *Arca auriculata* Lamarck, et *Cardium edule* Linné. Ce sont les seules connues jusqu'ici.

[4] Lortet (Dr) et Gaillard (C.), *la Faune momifiée de l'ancienne Egypte et recherches anthropologiques,* 4e série, Lyon, 1908, p. 117.

[5] Au moment où je corrige les épreuves de cette note, je reçois d'Egypte un lot de Mollusques dont quelques-uns ont été recueillis dans les tombeaux. Malheureusement, la localité précise ne m'a pas été indiquée. Ces coquilles appartiennent à trois espèces déjà signalées dans le cours de ce travail :

   Columbella mendicaria Linné.

   Nerita (Odontostoma) polita Linné.

   Cypræa (Aricia) moneta Linné.

Les exemplaires des deux premières espèces, tous percés d'un trou, ont évidemment servi de bijoux ou d'amulettes. Quant aux échantillons de *Cypræa moneta* Linné, ils sont rodés sur leur face dorsale comme ceux signalés par Lortet et Gaillard *(la Faune momifiée de l'Ancienne Egypte,* 4e série, 1908, p. 140). Il est donc probable qu'ils ont été utilisés comme cauries.

TABLE GÉNÉRALE DES GRAVURES

TROISIÈME SÉRIE

— · · —

QUATRIÈME SÉRIE

CINQUIÈME SÉRIE

TABLE GÉNÉRALE DES MATIÈRES.

TROISIÈME SÉRIE

QUATRIÈME SÉRIE

CINQUIÈME SÉRIE

Lyon. — Imprimerie A. REY et C⁰, 4, rue Gentil. — 48789

ARCHIVES DU MUSÉUM D'HISTOIRE NATURELLE
DE LYON

SOMMAIRES DES VOLUMES EN VENTE

TOME PREMIER

Station préhistorique de Solutré, par MM. Ducrost et Lortet. — Brèches osseuses des environs de Bastia (Corse), par M. Locard. — *Lagomys corsicanus* de Bastia, par M. Lortet. — Études paléontologiques dans le bassin du Rhône. Période quaternaire, par MM. Lortet et Chantre. — Végétaux fossiles de Meximieux, par MM. Saporta et Marion. — Quelques coupes des terrains tertiaires et quaternaires du bassin du Rhône, par M. Falsan. — Description des Planches.

TOME SECOND

Description de la faune de la mollasse marine et d'eau douce du Lyonnais et du Dauphiné, par M. Locard. — Recherches sur les mastodontes et les faunes mammalogiques qui les accompagnent, par MM. Lortet et Chantre.

TOME TROISIÈME

Notes sur quelques mammifères fossiles de l'époque pliocène, par M. Filhol, avec six planches. — Poissons et reptiles du lac de Tibériade, avec treize planches, par M. L. Lortet. — Malacologie des lacs de Tibériade, d'Antioche et d'Homs, par M. A. Locard, avec cinq planches.

TOME QUATRIÈME

Observations sur les Tortues terrestres et paludines du bassin de la Méditerranée, par M. le Dr Lortet. — Les terrains tertiaires et quaternaires du promontoire de la Croix-Rousse, par M. Fontannes. — Recherches sur la succession des faunes de Vertébrés miocènes de la vallée du Rhône, par M. Charles Depéret. — Note sur le *Rhyzoprion barlensis* de Jourdan, par le Dr Lortet. — Faune malacologique des terrains néogènes de la Roumanie, par M. Fontannes.

TOME CINQUIÈME

Les Reptiles fossiles du bassin du Rhône, par le Dr Lortet. — La faune des mammifères miocènes de la Grive-Saint-Alban (Isère) et de quelques autres localités du bassin du Rhône. —Documents nouveaux et revision générale, par le Dr Ch. Depéret. — Contribution à l'étude des Céphalopodes crétacés du Sud-Est de la France, par MM. Sayn et Kilian. — Sur quelques Ammonitides, par M. Kilian.

TOME SIXIÈME

Recherches anthropologiques dans l'Asie occidentale. Missions scientifiques en Transcaucasie, Asie Mineure et Syrie, 1890 à 1894 (avec 43 planches), par M. Ernest Chantre. — Note sur quelques espèces de Cyprinodons de l'Asie Mineure et de la Syrie (avec 12 figures dans le texte), par M. Claudius Gaillard. — Le Rhinocéros de Dusino *(Rhinoceros Etruscus)* (avec 4 planches), par M. Frédéric Sacco. — Étude sur quelques Echinodermes de Cirin (avec une planche et une figure), par M. de Loriol.

TOME SEPTIÈME

Conchyliologie portugaise : les coquilles terrestres des eaux douces et saumâtres, par M. A. Locard. — Mammifères miocènes nouveaux ou peu connus de la Grive-Saint-Alban (Isère), par M. Cl. Gaillard.

TOME HUITIÈME

Recherches anatomiques sur les Camélidés: anatomie du chameau à deux bosses; différences entre les deux espèces de chameaux; différences entre les chameaux et les lamas, par M. F.-X. Lesbre. — La Faune momifiée de l'ancienne Egypte (première série), par MM. le Dr Lortet et C. Gaillard.

TOME NEUVIÈME

Études paléontologiques sur les Lophiodon du Minervois, par Ch. Depéret. — La Faune momifiée de l'ancienne Egypte (deuxième série), par MM. le Dr Lortet et C. Gaillard. — Contribution à l'anatomie du Porc-Épic commun *(Histrix cristata)*, par M. F.-X. Lesbre.

Lyon. — Imprimerie A. Rey et Cie, 4, rue Gentil. — 46289

www.ingramcontent.com/pod-product-compliance
Ingram Content Group UK Ltd.
Pitfield, Milton Keynes, MK11 3LW, UK
UKHW022240120726
13694UKWH00003B/908